建筑节能工程施工技术要点

住房和城乡建设部工程质量安全监管司
中国建筑股份有限公司 主编

中国建筑工业出版社

图书在版编目（CIP）数据

建筑节能工程施工技术要点/住房和城乡建设部工程质量安全监管司，中国建筑股份有限公司主编． —北京：中国建筑工业出版社，2009
ISBN 978-7-112-11588-4

Ⅰ．建… Ⅱ．①住…②中… Ⅲ．民用建筑-节能-工程施工 Ⅳ.TU24

中国版本图书馆CIP数据核字（2009）第209952号

　　本书内容包括墙体、幕墙、外门窗、屋面、地面、采暖与空调、空调与采暖系统的冷热源及管网、配电与照明、监测与控制等施工技术。本施工技术要点适用于新建、改建和扩建的民用建筑节能工程的施工。

* * *

责任编辑：常　燕

建筑节能工程施工技术要点

住房和城乡建设部工程质量安全监管司
中　国　建　筑　股　份　有　限　公　司　　主编

*

中国建筑工业出版社出版、发行（北京西郊百万庄）
各地新华书店、建筑书店经销
霸州市顺浩图文科技发展有限公司制版
北京市密东印刷有限公司印刷

*

开本：850×1168毫米　1/32　印张：6⅜　字数：171千字
2009年12月第一版　2011年4月第二次印刷
定价：**16.00**元
ISBN 978-7-112- 11588- 4
　　　　（18849）

版权所有　翻印必究
如有印装质量问题，可寄本社退换
（邮政编码100037）

本书编委会

主 任 委 员：陈　重
副主任委员：吴慧娟　王树平
主　　　编：肖绪文
参 编 人 员：施锦飞　谢刚奎　单彩杰　张　宇
　　　　　　段　恺　苗冬梅　张　强　杨改荣
　　　　　　李水生　李志堂　卢　松　冯爱民
　　　　　　刘　斌　蒋先国　费慧慧　陈　刚
　　　　　　刘　冬　杜　松　任俊和　杨春沛
　　　　　　韩乾龙　邓明胜　张　鹏　苗喜梅
　　　　　　樊建全　金　楠
主编单位：住房和城乡建设部工程质量安全监管司
　　　　　中国建筑股份有限公司
参编单位：中国建筑第八工程局有限公司
　　　　　中国建筑第二工程局有限公司
　　　　　北京中建建筑科学研究院有限公司
　　　　　中国建筑第三工程局有限公司
　　　　　中国建筑一局（集团）有限公司
　　　　　中国建筑第五工程局有限公司
　　　　　中建（长沙）不二幕墙装饰有限公司
　　　　　中国建筑东北设计研究院有限公司
　　　　　中建国际建设有限公司
　　　　　中国建筑第四工程局有限公司
　　　　　贵州中建建筑科研设计院有限公司
　　　　　中国建筑第六工程局有限公司
　　　　　中国建筑第七工程局有限公司

目 录

1 总则 ……………………………………………………… 1
2 术语 ……………………………………………………… 2
3 基本规定 ………………………………………………… 6
4 墙体节能工程 …………………………………………… 7
   4.1 一般规定 …………………………………………… 7
   4.2 材料 ………………………………………………… 8
   4.3 施工技术要点 ……………………………………… 8
   4.4 检验 ………………………………………………… 30
5 幕墙节能工程 …………………………………………… 31
   5.1 一般规定 …………………………………………… 31
   5.2 材料 ………………………………………………… 33
   5.3 施工技术要点 ……………………………………… 34
   5.4 验收 ………………………………………………… 51
6 门窗节能工程 …………………………………………… 53
   6.1 一般规定 …………………………………………… 53
   6.2 材料 ………………………………………………… 53
   6.3 施工技术要点 ……………………………………… 55
   6.4 检测 ………………………………………………… 59
7 屋面节能工程 …………………………………………… 61
   7.1 一般规定 …………………………………………… 61
   7.2 材料 ………………………………………………… 62
   7.3 施工技术要点 ……………………………………… 64
   7.4 检测 ………………………………………………… 70
8 地面与楼面节能工程 …………………………………… 71
   8.1 一般规定 …………………………………………… 71

8.2　材料 ··· 71
　8.3　施工技术要点 ··· 73
　8.4　检测 ··· 83
9　采暖节能工程 ·· 85
　9.1　一般规定 ·· 85
　9.2　材料与设备 ··· 85
　9.3　施工技术要点 ··· 87
　9.4　运转与检测 ··· 97
10　通风与空调节能工程 ·· 100
　10.1　一般规定 ·· 100
　10.2　材料与设备 ··· 100
　10.3　施工技术要点 ·· 102
　10.4　系统调试与检测 ··· 121
11　空调与采暖系统冷热源及管网节能工程 ······················ 123
　11.1　一般规定 ·· 123
　11.2　材料与设备 ··· 123
　11.3　施工技术要点 ·· 124
　11.4　系统调试与检测 ··· 135
12　配电与照明节能工程 ·· 140
　12.1　一般规定 ·· 140
　12.2　材料与设备 ··· 141
　12.3　施工技术要点 ·· 142
　12.4　检测与验收 ··· 152
13　监测与控制节能工程 ·· 155
　13.1　一般规定 ·· 155
　13.2　建筑节能工程监测与控制的设计要求 ··················· 156
　13.3　材料与设备 ··· 165
　13.4　施工技术要点 ·· 166
　13.5　系统检测 ·· 174
附录A　节能工程试验项目与取样规定 ······························ 185
附录B　引用技术与标准 ·· 194

1 总 则

1.0.1 为了加强建筑节能工程的施工过程技术管理,确保节能效果及建筑节能工程质量满足现行国家标准《建筑节能工程施工质量验收规范》GB 50411 的要求,依据现行国家有关法律、法规和相关技术标准,制订本施工技术要点。

1.0.2 本施工技术要点适用于新建、改建和扩建的民用建筑节能工程的施工。包括墙体、幕墙、外门窗、屋面、地面、采暖与空调、空调与采暖系统的冷热源及管网、配电与照明、监测与控制等施工技术。

1.0.3 本施工技术要点应与现行建筑节能工程设计标准、现行国家标准《建筑节能工程施工质量验收规范》GB 50411 和《建筑工程施工质量验收统一标准》GB 50300 配套使用。

2 术 语

2.0.1 保温浆料

由胶粉料与聚苯颗粒或其他保温轻骨料组配，使用时按比例加水搅拌混合而成的浆料。

2.0.2 围护结构

建筑物各面的围挡物，如墙体、屋面、地面与外门窗等。

2.0.3 导热系数（λ）

稳态条件下，1m 厚物体，两侧表面温差为 1K，1h 内通过 1m² 面积传递的热量，单位：$W/(m·K)$。

2.0.4 围护结构传热系数（K）

围护结构两侧空气温差为 1K，在单位时间内通过单位面积围护结构的传热量，单位：$W/(m^2·K)$。

2.0.5 内（外）表面换热系数（α_i）、（α_e）

围护结构内（外）表面温度与室（外）内空气温度之差为 1K 时，在单位时间内通过单位表面积传递的热量，单位：$W/(m^2·K)$。

2.0.6 热桥

围护结构两侧在温差作用下，形成热流密集的传热部位称为热桥。

2.0.7 热工缺陷

当保温材料缺失、受潮、分布不均、或其中混入灰浆或围护结构存在空气渗透的部位，称该围护结构在此部位存在热工缺陷。

2.0.8 窗墙面积比

某一朝向的外窗总面积，与同朝向墙面总面积（包括窗面积在内）之比。

2.0.9 建筑遮阳设施

安设在建筑开口部位或透明部位，用于遮蔽太阳光的产品。

2.0.10 遮阳系数

在给定条件下，玻璃、外窗或玻璃幕墙的太阳能总透射比，与相同条件下相同面积的标准玻璃（3mm 厚透明玻璃）的太阳能总透射比的比值。

2.0.11 可见光透射比

采用人眼视见函数进行加权，标准光源透过玻璃、门窗或幕墙成为室内的可见光通量与投射到玻璃、门窗或幕墙上的可见光通量的比值。

2.0.12 露点温度

在一定的压力和水蒸气含量条件下，空气达到饱和水蒸气状态时（相对湿度等于100%）的温度。

2.0.13 透光围护结构

外窗、外门、透明幕墙和采光顶等太阳光可直接透射入室内的建筑物外围护结构。

2.0.14 低温热水地面辐射供暖

以温度不高于 60℃ 的热水为热媒，在加热管内循环流动，加热地板，通过地面以辐射和对流的传热方式向室内供热的供暖方式。

2.0.15 制冷性能系数（COP）

在指定工况下，制冷机的制冷量与其净输入量之比。

2.0.16 漏光检测

用强光源对风管的咬口、接缝、法兰及其他连接处进行透光检查，确定孔洞、缝隙等渗漏部位及数量的方法。

2.0.17 漏风量

风管系统中，在某一静压下通过风管本体结构及其接口，单位时间内泄出或渗入的空气体积量。

2.0.18 地源热泵系统

以岩土体、地下水或地表水为低温热源，由水源热泵机组、地热能交换系统、建筑物内系统组成的供热空调系统。根据地热能交换形式不同，地源热泵系统分为地埋管地源热泵系统、地下水地源热泵系统和地表水地源热泵系统。

2.0.19 灯具效率

在相同的使用条件下，灯具发出的总光通量与灯具内所有光源发出的总光通量之比。

2.0.20 总谐波畸变率（THD）

周期性交流量中的谐波含量的方均根值与其基波分量的均方根之比（用百分数表示）。

2.0.21 不平衡度 ε

指三项电力系统中三相不平衡的程度，用电压或电流负序分量与正序分量的方均根值百分比表示。

2.0.22 照明功率密度（LPD）

单位面积上的照明安装功率（包括光源、镇流器或变压器），单位：W/m^2。

2.0.23 进场验收

对进入施工现场的材料、设备等进行外观质量检查和规格、型号、技术参数及质量证明文件核查并形成相应验收记录的活动。

2.0.24 进场复验

进入施工现场的材料、设备等在进场验收合格的基础上，按照有关规定从施工现场抽取试样送至试验室进行部分或全部性能参数检验的活动。

2.0.25 见证取样送检

施工单位在监理工程师或建设单位代表见证下，按照有关规定从施工现场随机抽取试样，送至有见证检测资质的检测机构进行检测的活动。

2.0.26 现场实体检验

在监理工程师或建设单位代表见证下,对已经完成施工作业的分项或分部工程,按照有关规定在工程实体上抽取试样,在现场进行检验或送至有见证检测资质的检测机构进行检验的活动。简称实体检验或现场检验。

2.0.27 质量证明文件

随同进场材料、设备等一同提供的能够证明其质量状况的文件。通常包括出厂合格证、中文说明书、型式检验报告及相关性能检测报告等。进口产品应包括出入境商品检验合格证明。适用时,也可包括进场验收、进场复验、见证取样检验和现场实体检验等资料。

2.0.28 核查

对技术资料的检查及资料与实物的核对。包括:对技术资料的完整性、内容的正确性、与其他相关资料的一致性及整理归档情况的检查,以及将技术资料中的技术参数等与相应的材料、构件、设备或产品实物进行核对、确认。

3 基本规定

3.0.1 承担建筑节能工程的施工企业应具有相应的资质,施工现场应建立相应的质量管理体系、施工质量控制和检验制度,以及具有相应的施工技术标准。

3.0.2 建筑节能工程采用的新技术、新设备、新材料、新工艺,应按照有关规定进行评审、鉴定及备案。

3.0.3 单位工程的施工组织设计应包括建筑节能工程的内容,建筑节能工程施工前,施工单位应编制建筑节能工程施工技术方案并经监理(建设)单位审查批准后施工,对从事建筑节能工程施工作业人员应进行技术交底和必要的实际操作培训。

3.0.4 建筑节能工程施工方案应包括防火安全管理的内容。

3.0.5 建筑节能工程材料和设备的验收、检验和使用等,必须符合设计要求及国家有关标准的规定。

3.0.6 建筑节能工程应按照经审查合格的设计文件和经审批的施工方案施工。建筑节能工程施工前,应对建筑节能工程节点做法、节能效果进行深化设计。

3.0.7 建筑节能工程的施工宜实行"样板先行"原则,样板应经业主、设计、监理等相关方的确认,并形成确认文件。

3.0.8 建筑节能工程的施工作业环境和条件,应满足相关标准的施工工艺的要求。

4 墙体节能工程

4.1 一般规定

4.1.1 本章适用于采用保温板材、保温浆料、保温块材及预制复合墙体等墙体保温材料或构件的建筑墙体节能工程的施工。

4.1.2 熟悉施工设计图纸及有关资料，应根据设计施工图纸、工法、现场自然条件和墙体材料特点，编制施工技术方案。未经设计单位允许不得更改原设计墙体保温系统的构造和材料组成。

4.1.3 主体结构完成后进行施工的墙体节能工程应在基层质量验收合格后施工，施工过程中应及时进行质量检查、隐蔽工程验收和检验批验收，施工完成后应进行墙体节能分项工程验收，与主体结构同时施工的墙体节能工程与主体结构一同验收。

4.1.4 墙体节能工程施工前应按照设计和施工方案的要求对基层进行处理。

4.1.5 墙体节能工程应对下列部位或内容进行隐蔽工程验收，并应有详细的文字记录和必要的图像资料：

1 保温层附着的基层及其表面处理。
2 保温板粘结或固定。
3 锚固件。
4 增强网铺设。
5 墙体热桥部位处理。
6 预制保温板或预制保温墙板的板缝及构造节点。
7 现场喷涂或浇筑有机类保温材料的界面。
8 被封闭的保温材料厚度。
9 保温隔热砌块填充墙体。

4.1.6 墙体节能工程的施工，应符合下列要求：

1 保温隔热材料的厚度必须符合设计要求。

2 保温板材与基层及各构造层之间的粘结或连接必须牢固，粘结强度和连接方式应符合设计要求，保温板材与基层的粘结强度应做现场拉拔试验。

3 当采用保温浆料做外保温时，保温浆料厚超过20mm应分层施工。保温层与基层之间及各层之间的粘结必须牢固，不应脱层、空鼓和开裂。保温浆料应厚度均匀、接茬平顺。

4 当墙体节能工程的保温层采用预埋或后置锚固件固定时，锚固件数量、位置、锚固深度和拉拔力应符合设计要求。后置锚固件应进行现场拉拔试验。

4.1.7 严寒和寒冷地区外墙热桥部位，应按设计要求和施工方案采取节能保温等隔断热桥措施。

4.2 材 料

4.2.1 墙体节能工程使用的保温隔热材料，其导热系数、密度、抗压强度或压缩强度、燃烧性能应符合设计要求。

4.2.2 墙体节能材料应按品种、强度等级分别堆放及设置标识，应有防火、防水、防潮及排水和保护措施，必须具备产品合格证书和出厂检测报告，标明生产日期、型号、批量、强度等级和质量指标。进场后应对主要材料的主要性能进行复检。

4.2.3 保温砌块砌筑的墙体，应采用具有保温功能的砂浆砌筑，砌筑砂浆的强度等级应符合设计要求。块体节能材料进场必须提供放射性指标检测报告。块体材料砌筑前应有足够的存放时间。

4.3 施工技术要点

4.3.1 EPS板薄抹灰外墙外保温系统

1 基本构造

EPS板薄抹灰外墙外保温系统是以模塑聚苯板（EPS板）

为保温材料，采用胶粘剂将保温材料粘贴在基层墙体上，必要时可使用锚栓加强系统与基层墙体连接；由抹面胶浆和增强用玻纤网复合而成薄抹灰防护层，表面根据设计要求选用涂料或面砖饰面，是置于建筑物外墙外侧的保温及饰面系统。其基本构造见表4.3.1-1和表4.3.1-2。

表4.3.1-1 涂料饰面EPS板薄抹灰外墙外保温系统基本构造

基层墙体①	系统的基本构造				构造示意图
	粘接层②	保温层③	防护层④	饰面层⑤	
混凝土墙体各种砌体墙体	胶粘剂（可加锚栓）	EPS板	抹面胶浆，复合玻纤网	涂装材料	

注：当工程设计有要求时，可附加锚栓与胶粘剂共同固定模塑板

表4.3.1-2 面砖饰面EPS板薄抹灰外墙外保温系统基本构造

基层墙体①	系统的基本构造				构造示意图
	粘接层②	保温层③	防护层④	饰面层⑤	
混凝土墙体各种砌体墙体	胶粘剂	EPS板	抹面胶浆，复合玻纤网，加锚栓	面砖胶粘剂，面砖填缝剂	

注：建筑物首层或2m以下墙面可不附加锚栓

2 材料

1）主要组成材料

EPS板，阻燃型保温材料，出厂前应在自然条件下陈化42天，或在60℃蒸气中陈化5天；每块板宽度不宜大于1200mm，高度不宜大于600mm。

胶粘剂，用于EPS板与基层墙体粘贴的专用粘结剂。粘结性能应符合系统性能要求。

抹面胶浆和耐碱玻纤网布，薄抹于EPS板表面与玻纤网布共同形成防护层。

锚栓及其他附件，用于加固或辅助系统的材料或构件。

饰面材料，与EPS板薄抹灰系统相容的材料或制品。

2）系统主要性能指标

EPS板薄抹灰外墙外保温系统主要性能指标见表4.3.1-3。

表4.3.1-3　EPS板薄抹灰外墙外保温系统主要性能指标

项　目		性能指标	
		涂料饰面系统	面砖饰面系统
耐候性	外观	无可渗水裂缝，无粉化、空鼓、剥落现象	
	抹面层与保温层拉伸粘结强度，MPa	≥0.10	≥0.10
	面砖与抹面层拉伸粘结强度，MPa	—	≥0.4
吸水量，g/m²		≤500	≤500
抗冲击性	3J级	合格	—
	10J级	合格	
水蒸气透过湿流密度，g/(m²·h)		≥0.85	≥0.85
耐冻融	外观	无可渗水裂缝，无粉化、空鼓、剥落现象	
	抹面层与保温层拉伸粘结强度，MPa	≥0.10	≥0.10
	面砖与抹面层拉伸粘结强度，MPa	—	≥0.4
不透水性		试样抹面层内侧无水渗透	试样抹面层内侧无水渗透
燃烧性能级别，不低于		A_2级（B_1级）	

注：燃烧性能级别括号内的要求为按《建筑材料及制品燃烧性能分级》GB 8624确定的级别

3 施工工艺流程

1）涂料饰面系统的施工流程

基层墙体清理，找平→满铺粘贴 EPS 板（每块板可加 1~2 个锚栓）→用细麻面的木抹子将 EPS 板表面找平、扫毛，并扫净浮屑→涂一遍界面处理剂→满刮抹面胶浆在 EPS 板表面，铺耐碱玻纤网布，压刮抹面胶浆形成防护层→批刮柔性抗裂腻子→喷涂（刷涂、滚涂）外墙弹性涂料或喷涂仿石漆等

2）面砖饰面系统的施工流程

基层墙体清理，找平→满铺粘贴 EPS 板→用细麻面的木抹子将 EPS 板表面找平、扫毛，并扫净浮屑→涂一遍界面处理剂→满刮抗裂砂浆找平刮糙→铺设热镀锌钢丝网，按设计要求加锚栓与墙体牢固联接→抗裂砂浆找平扫毛→用专用粘结材料粘贴外墙面砖→用面砖柔性填缝剂勾缝

4 施工技术要点

1）基层墙体清理，找平

基层墙体表面清油污、脱模剂等阻碍粘结的附着物。凸起、空鼓和疏松部位应剔除并找平。

2）满铺粘贴 EPS 板

用 EPS 专用胶粘剂在 EPS 背面四周刮一圈胶，在板中分散布 8 至 10 个胶点；然后横贴 EPS 板长边沿水平方向自下而上，上下错缝，板与板之间对缝严密（不用抹胶），表面平整，可用 2m 靠尺找平。每块 EPS 板上可加 1~2 个锚栓，作定位和加固用。

3）界面处理

用细麻面的木抹子将 EPS 板表面找平、扫毛，并扫净浮屑。用界面处理剂对表面喷涂处理。

4）防护层和饰面层施工

（1）涂料饰面系统

① 涂刮抹面胶浆，压入耐碱玻纤网

耐碱玻纤网长度 3m 左右，尺寸预先裁好。抹面胶浆一般分

两遍完成，总厚度约 3~5mm。涂抹面胶浆后应立即用铁抹子压入玻纤网。玻纤网之间搭接宽度不应小于 50mm，按照从左至右、从上到下的顺序用铁抹子压入玻纤网，严禁干搭。阴阳角处也应压茬搭接，其搭接宽度大于 150mm，应保证阴阳角处的方正和垂直度。玻纤网要夹在抹面胶浆中，铺贴要平整，无褶皱，可隐约见网格，胶浆饱满度达到 100%。局部不饱满处应随即补抹第二遍抹面胶浆找平并压实。

在门窗洞口等处应沿 45°方向提前增贴一道玻纤网 (300mm×400mm) 加强；首层墙面应铺贴双层玻纤网，第一层铺贴应采用对接方法，然后进行第二层网格布铺贴，两层网布之间抹面胶浆应饱满，严禁干贴。

建筑物首层外保温应在阳角处双层网格布之间设专用金属护角，护角高度一般为 2m。

抹面胶浆施工完后，应检查平整、垂直及阴阳角方正，不符合要求的应用抹面胶浆进行修补。严禁在此面层上抹普通水泥砂浆腰线、窗口套线等。

② 刮柔性耐水腻子、涂刷饰面涂料

抗裂层干燥后，刮柔性耐水腻子（多遍成活，每次刮涂厚度控制在 0.5mm 左右），涂刷饰面涂料，应做到平整光洁。

（2）面砖饰面系统

① 抹抗裂砂浆，铺压热镀锌电焊网（简称钢网）

防护层施工前应先将热镀锌电焊网按楼层高度用钳子分段裁好，将钢网裁成长度 3m 左右的网片，并尽量使网片平整；边角处的钢网预先折成直角。

抹第一遍抗裂砂浆时，厚度应控制在 2~3mm 左右，不得有漏抹之处。抗裂砂浆固化后，开始进行铺钉钢网施工，U 形卡子卡住钢网，使其紧贴抗裂砂浆表面，然后用塑料锚栓按双向 @500mm 梅花状分布将钢网锚固在基层墙体上，有效深度不得小于 25mm，局部不平整处，用 U 形卡子压平。

钢网边相互搭接宽度应在 40mm 左右（3 格网格），搭接部位以不大于300mm的距离用镀锌铅丝将两网绑扎在一起；阴阳角网应压住对接网片。窗口侧面、女儿墙、沉降缝等钢网收头处应用水泥钉加垫片将钢网固定在主体结构上。

钢网铺贴完毕后，再抹第二遍抗裂砂浆，并将钢网包裹，抗裂砂浆的总厚度宜控制在8~10mm。

② 铺贴面砖

抗裂砂浆施工完一般应适当喷水养护，约7天后即可进行饰面砖粘贴工序。

饰面砖粘贴施工按照《外墙饰面砖工程施工及验收规程》JGJ 126执行。面砖粘结砂浆厚度宜控制在3~5mm。用柔性填缝剂按生产厂操作说明对砖缝进行嵌填，刮平。

4.3.2 喷涂硬泡聚氨酯外墙外保温工程

1 基本构造

采用专用的喷涂设备，将硬泡聚氨酯A组分料和B组分料按一定比例从喷枪口喷出后瞬间均匀混合后迅速发泡，在外墙基层上形成无接缝的聚氨酯硬泡体的保温层；根据需要可用界面剂进行表面处理，用胶粉聚苯颗粒保温浆料找平；用抹面胶浆满刮后，铺贴耐碱玻纤网并将抹面胶浆挤压刮平形成防护层；表面为饰面层。喷涂硬泡聚氨酯外墙外保温系统构造、硬泡聚氨酯外保温系统性能指标分别见图4.3.2、表4.3.2。

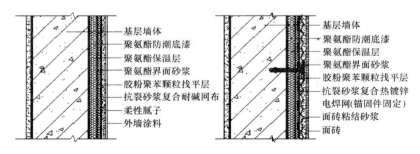

图4.3.2 喷涂硬泡聚氨酯外墙外保温系统构造示意图

表 4.3.2 喷涂硬泡聚氨酯外保温系统性能指标

试验项目	性能指标
耐候性（80次高温—淋水循环和5次加热—冷冻循环）	试验后不得出现开裂、空鼓或脱落。防护层与保温层的拉伸粘结强度不应小于0.1MPa,破坏界面应位于保温层。面砖粘结强度不应小于0.4MPa
耐冻融性能（30次循环）	
吸水量,g/m²,浸水1h	≤1000
抗冲击强度	3J冲击合格
抗风荷载性能	不小于风荷载设计值(安全系数不小于1.5)
防护层不透水性	2h不透水
水蒸气渗透阻	符合设计要求
热阻	符合设计要求
火反应性	不应被点燃,试验结束后试件厚度变化不超过5%,热释放速率最大值≤10kW/m²,900s总放热量≤5MJ/m²
饰面砖粘结强度（现场）MPa	≥0.4
抗震性能	设防烈度等级下面砖饰面及外保温系统无脱落

注：吸水量试验,浸泡24h,系统试件的吸水量小于500g/m²时,免做耐冻融性能检测

2 材料

聚氨酯防潮底漆、聚氨酯预制块胶粘剂、无溶剂聚氨酯硬泡浆料、聚氨酯界面处理砂浆、抹面胶浆配合比如下：

聚氨酯防潮底漆

底漆：稀释剂＝0.5：1（重量比）

聚氨酯预制块胶粘剂

固化剂：粘合剂＝1：4（重量比）

无溶剂聚氨酯硬泡浆料

聚氨酯A料（白料）：聚氨酯B料（黑料）＝1：1（体积比）

聚氨酯界面处理砂浆

聚氨酯界面剂：水泥＝1：0.5（重量比）

抹面胶浆

干拌抹面胶浆：水＝1：约0.32（重量比）

其他材料按材料制造商的要求进行配制或使用。

材料进入施工现场后，应在监理工程师监督下进场验收，并按规定取样复检；各种原材料应分类储存，防雨、防暴晒、防火，且不宜露天存放。

3　主要施工机具

1）高压无气聚氨酯双组分现场发泡喷涂机（简称高压无气喷涂机）、专用喷枪、料管等。

2）强制式砂浆搅拌机、垂直运输机械、手推车、手提式搅拌器、电锤等。

3）常用抹灰工具及专用检测工具、经纬仪及放线工具、水桶、剪子、滚刷、铁锹、手锤、壁纸刀、托线板、手锯等。

4　施工工艺流程

1）饰面层为涂料系统的施工流程

基层墙体清理→吊垂线、粘贴饰面厚度控制标志和边角聚氨酯模块→涂刷聚氨酯防潮底漆或抹面胶浆找平扫毛→喷涂第一遍聚氨酯硬泡浆料（厚度控制在10mm左右）→在聚氨酯保温层上间隔300～400mm插标准厚度控制钉→继续分层喷涂聚氨酯硬泡浆料至标准厚度→检查聚氨酯硬泡保温层厚度→用手锯修平超过总保温层厚度部分→4小时后涂刷聚氨酯界面砂浆→（根据需要：吊垂线、贴找平厚度灰饼→抹保温浆料找平层→）满刮抹面胶浆、找平刮糙，并压入耐碱玻纤网布→批刮柔性抗裂腻子→喷涂（刷涂、滚涂）外墙弹性涂料或喷涂仿石漆等。

2）饰面层为面砖系统的施工流程

基层墙体清理→吊垂线、粘贴饰面厚度控制标志和边角聚氨酯模块→涂刷聚氨酯防潮底漆或抹面胶浆找平扫毛→钻孔安装建筑专用锚栓→分层喷涂聚氨酯硬泡浆料至标准厚度→检查聚氨酯硬泡保温层厚度→涂刷聚氨酯界面砂浆→满刮抹面胶浆、找平刮糙→铺设热镀锌钢丝网并与锚栓牢固联接→抹面胶浆找平、扫毛→用专用粘结材料粘贴外墙面砖→用面砖柔性填缝剂勾缝。

5 施工要点

1）基层墙体清理

墙面脚手架孔、穿墙孔及所有缺损部位，用相应的材料修整；墙面偏差超过 3mm，则应找平；主体结构的变形缝应提前做好处理。

2）吊垂线、粘贴饰面厚度控制标志和边角聚氨酯模块

在墙面吊钢垂直控制线，墙角、门窗口处粘贴聚氨酯角模；粘贴聚氨酯预制块控制厚度的标志；墙面宽度不足 300mm 处不宜喷涂施工，可直接用相应规格尺寸的聚氨酯预制件粘贴。

3）聚氨酯底漆施工

待基层平整度验收合格并清理干净后，将配制好的聚氨酯底漆用滚刷均匀地涂刷于基层墙体，不得有露刷之处。

4）喷涂聚氨酯硬泡浆料

做好遮挡以防污染相邻部位，开启高压无气喷涂机将聚氨酯保温硬泡均匀地喷涂于墙面之上，喷涂应从角模坡口处开始，发泡后，沿发泡边沿喷涂施工。

第一遍喷涂厚度宜控制在 10mm 左右，喷施第一遍之后在喷涂硬泡层上插与设计厚度相等的标准厚度钉，插钉间距 300mm 为宜，并成梅花状分布，每平方米宜 9～10 个。

插钉之后继续施工，喷涂可多遍完成，每遍厚度宜控制在 10mm 以内，控制喷涂厚度至刚好覆盖钉头为止；对于硬泡聚氨酯保温层厚度严重超标处（已超过垂直控制线即保温层总厚度）可用手锯将过厚处修平。

5）聚氨酯表面界面处理

聚氨酯硬泡保温层修整完毕并在喷涂 4h 之后，可做聚氨酯界面砂浆处理，聚氨酯界面砂浆可用滚子或喷斗均匀地喷涂于聚氨酯硬泡保温层表面。

6）抹胶粉聚苯颗粒保温浆料找平

按保温层设计总厚度重新打点、贴灰饼，用胶粉聚苯颗粒保

温浆料抹面。首先对墙面凹陷处进行抹平作业，对于墙面凸起处（未超过保温层总厚度）可不进行抹灰处理，通过第一遍抹灰修整使墙体平整度基本达到±4mm要求。

胶粉聚苯颗粒保温浆料第二遍抹灰厚度可略高于灰饼的厚度，而后用杠尺刮平，对凹处用抹子局部修补平整；待抹完找平面层30min后，用抹子再压抹墙面，用2m靠尺和托线尺检测墙面平整度/垂直度，平整度/垂直度应控制在±2mm。

7）防护层和饰面层施工

保温层施工完3～7天且保温层厚度、平整度隐蔽验收合格后方可进行防护层施工。

（1）涂料饰面系统

① 涂刮抹面胶浆，压入耐碱玻纤网

耐碱玻纤网长度3m左右，尺寸预先裁好。抹面胶浆一般分两遍完成，总厚度约3～5mm。抹面胶浆抹面面积与网布相当，抹面后立即用铁抹子压入玻纤网。玻纤网之间搭接宽度不应小于50mm，按照从左至右、从上到下的顺序立即用铁抹子压入玻纤网，严禁干搭。阴阳角处也应压茬搭接，其搭接宽度≥150mm，应保证阴阳角处的方正和垂直度。玻纤网要夹在抹面胶浆中，铺贴要平整，无褶皱，可隐约见网格，砂浆饱满度达到100%。局部不饱满处应随即补抹第二遍抹面胶浆找平并压实。

在门窗洞口等处应沿45°方向提前增贴一道玻纤网（300mm×400mm）加强；首层墙面应铺贴双层玻纤网，第一层铺贴应采用对接方法，然后进行第二层网格布铺贴，两层网布之间抹面胶浆应饱满，严禁干贴。

建筑物首层外保温应在阳角处双层网格布之间设专用金属护角，护角高度一般为2m。在第一层网格布铺贴好后，应放好金属护角，用抹子拍压出抹面胶浆，抹第二遍抹面胶浆复合网布包裹住护角。

抹面胶浆施工完后，应检查平整、垂直及阴阳角方正，不符合要求的应用抹面胶浆进行修补。严禁在此面层上抹普通水泥砂浆腰线、窗口套线等。

② 刮柔性耐水腻子、涂刷饰面涂料

抗裂层干燥后,刮柔性耐水腻子(多遍成活,每次刮涂厚度控制在 0.5mm 左右),涂刷饰面涂料,应做到平整光洁。

(2) 面砖饰面系统

① 抹抗裂砂浆,铺压热镀锌电焊网(简称钢网)

防护层施工前应先将热镀锌电焊网按楼层高度用钳子分段裁好,将钢网裁成长度 3m 左右的网片,并尽量使网片平整;边角处的钢网预先折成直角。

抹第一遍抗裂砂浆时,厚度应控制在 2~3mm 左右,不得有漏抹之处,按楼层分层施工,抹完一层待抗裂砂浆固化后,开始进行铺钉钢网施工,U 形卡子卡住钢网,使其紧贴抗裂砂浆表面,然后按双向@500mm 梅花状分布用塑料锚栓将钢网锚固在基层墙体上,有效深度不得小于 25mm。

钢网边相互搭接宽度应在 40mm 左右(3 格网格),搭接部位以不大于 300mm 的距离用镀锌铅丝将两网绑扎在一起;阴阳角网应压住对接网片。窗口侧面、女儿墙、沉降缝等钢网收头处应用水泥钉加垫片将钢网固定在主体结构上。

钢网铺贴完毕后,再抹第二遍抗裂砂浆,并将钢网包裹,抗裂砂浆的总厚度宜控制在 8~10mm。

② 铺贴面砖

抗裂砂浆施工完一般应适当喷水养护,约 7 天后即可进行饰面砖粘贴工序。

饰面砖粘贴施工按照《外墙饰面砖工程施工及验收规程》JGJ 126 执行。面砖粘结砂浆厚度宜控制在 3~5mm。

用柔性填缝剂按生产厂操作说明对砖缝进行嵌填饱满,刮平。

4.3.3 大模内置无网体系外墙外保温节能工程

1 基本构造

大模内置无网带槽聚苯乙烯泡沫保温板(简称 EPS 板)外

墙外保温系统，即将单面带槽EPS保温板置于外墙外模板内侧，与墙体混凝土同时浇灌，混凝土墙体与保温板背面有机的结合在一起（安装EPS板时在其中插入尼龙锚栓，它既是EPS板与墙体钢筋的临时固定件，又是EPS板与混凝土墙的锚固件），拆模后在EPS板外表面抹颗粒聚合物砂浆（内压涂塑玻纤网格布增强），外做涂料饰面。基本构造见表4.3.3。

表4.3.3　大模内置无网带槽聚苯乙烯泡沫保温板外墙外保温基本构造

外墙①	外保温作法			构造示意图
	保温层②	保护层③	外饰面④	
现浇钢筋混凝土墙	EPS板（表面喷界面剂），板中插入尼龙锚栓	聚苯颗粒10mm找平层，约3～5mm厚聚合物砂浆，内压玻纤网格布增强	喷涂，或先刮柔性腻子再滚涂	

2　材料

自熄型聚苯泡沫乙烯保温板，应符合《绝热用模塑聚苯乙烯泡沫塑料》GB/T 10801.1标准的要求；用于聚苯板外表面界面剂，其技术性能应符合行业标准《混凝土界面处理剂》JC/T 907的要求；耐碱涂塑玻纤维网格布（以下简称网格布）、聚合物水泥砂浆、尼龙锚栓等材料的技术性能应符合设计要求。

3　施工技术要点

1）施工工艺流程

墙体钢筋隐检验收完毕→弹出保温板安装位置线→拼装保温

板→在保温板上插好尼龙锚栓→保温板安装预检验收→墙体模板安装→浇灌墙体混凝土→拆模及混凝土养护→抹底层聚合物砂浆→压入玻纤网布→抹面层颗粒及聚合物砂浆→涂料饰面

2）保温板安装

按照设计墙体厚度及保温板安装厚度弹出水平线和安装分隔线，以保证墙体厚度准确。绑扎墙体钢筋时，靠保温板一侧的横向分布筋宜弯成 L 形，以免直筋戳破保温板。绑扎完墙体钢筋后在外墙钢筋外侧绑扎水泥垫块（不得使用塑料卡）。且每平米保温板内不少于 4 块（垫块具体数量根据板高而定），用以保证钢筋保护层厚度符合要求，同时确保保护层厚度均匀一致。

保温板有槽横向使用，竖向保温板接茬部位裁成企口状，企口长度以 20mm 为宜，要求保温板两侧采取企口连接，将保温板竖缝间相互连接在一起。保温板上下连接采用对接。

在拼装好的保温板面上按设计尺寸弹线，标出锚栓的位置，用电烙铁或其他工具在锚栓定位处穿孔，之后在孔内塞入锚栓。锚栓尾部与墙体钢筋绑扎做临时固定。

3）浇筑墙体混凝土

保温板安装就位后，再安装内外侧模板；墙体混凝土浇筑塌落度控制在 120～160mm。墙体混凝土分层高度应控制在 500mm 以内。在浇筑混凝土过程中，禁止泵管正对聚苯板下料，振捣棒不得接触保温板，以免保温板受损。

4）面层的施工

（1）保温板外防护面的施工在整体结构施工完毕并验收后进行。操作地点环境温度和基底温度不低于 5℃（清理基底工作仍可进行）；风力不大于 5 级，雨天不能施工。

（2）穿墙螺栓孔部位应以干硬性砂浆填补，保温层部位用聚苯颗粒保温浆填补，见图 4.3.3。

（3）部分聚苯墙面被压迫并有回弹可能，这部分墙面可用裁

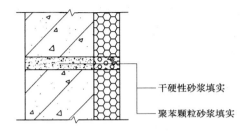

图 4.3.3 穿墙螺栓孔修补示意图

纸刀将此部分聚苯板裁下,再以相应大小聚苯板用粘结砂浆粘贴。

(4) 颗粒面层施工

将砂浆与聚苯颗粒按 25kg:200L 体积比混合,再加入适量水搅拌;将搅拌均匀的聚苯颗粒砂浆抹在保温墙面上;最后一遍操作时达到冲筋厚度,刮平时注意墙面的平整度控制。

保温砂浆涂抹后墙面不可着水,待干燥后(约两天)即可进行下一步操作。

(5) 抹罩面砂浆底层

保温层修补 24h(聚苯颗粒浆料需养护两天以上)后,即可进行下一步的操作。在聚苯板表面均匀涂抹一层配制好的罩面砂浆,厚度为 2~3mm。

(6) 贴网格布

沿门窗洞口处 45°方向各加一层 400mm×200mm 网格布进行加强,加强网位于大面网格布下面;将大面网格布沿水平方向绷平,用抹子由中间向上、下两边将网格布抹平,将其压入底层抹面砂浆,网格布左右搭接宽度不小于 100mm,上、下搭接宽度不小于 80mm,不得使网格布皱褶、翘边。

(7) 抹罩面砂浆防护面层

抹面层弹性聚合物砂浆,抹灰厚度以盖住网格布为准,约1～2mm,罩面砂浆总厚度约为3～5mm;罩面防护砂浆施工完成后,待面层砂浆干燥后方可进行下道工序。

(8) 涂料饰面

面层聚合物砂浆养护完成后,即可进行饰面层施工。涂料最好喷涂。如需滚涂,则宜先刮柔性耐水腻子,并用弹性涂料。

4.3.4 大模内置有网体系外墙外保温节能工程

1 基本构造

当外墙钢筋绑扎完毕后,即在墙体钢筋外侧安装保温板,其保温板采用正面有梯形凹槽的自熄型聚苯乙烯泡沫塑料板并带有单片钢丝网架,与通过聚苯板的斜插钢丝焊接,形成三维空间的保温板。在板上插入经防锈处理的Φ6钢筋,与墙体钢筋绑扎,然后在墙体钢筋外加水泥垫块,最后安装内外钢质大模板,浇灌混凝土。拆模后在有网板面层抹掺有抗裂剂的水泥砂浆。此后可根据设计要求做饰面层。如饰面层为涂料,则宜在水泥砂浆面层外再抹2～3mm聚合水泥砂浆。见表4.3.4。

表4.3.4 大模内置有网带槽聚苯乙烯泡沫保温板外墙外保温基本构造

外墙①	外保温做法				构造示意图
	保温层②	找平层③	防护层④	外饰面⑤	
现浇钢筋混凝土墙	EPS板(表面喷界面剂),板中插入Φ6钢筋	必要时用胶粉聚苯颗粒保温浆料找平(内压钢丝网架)	抗裂水泥砂浆防护层	做饰面砖或先抹约2～3mm厚聚合物砂浆再做面砖饰面层	

2 材料

自熄型聚苯乙烯泡沫塑料保温板（厚度按设计），各项性能指标应符合《绝热用模塑聚苯乙烯泡沫塑料》GB/T 10801.1 标准。

用于聚苯板外表面界面剂，各项性能指标应符合《混凝土界面处理剂》JC/T 907 标准。在有网体系中界面剂与钢丝应有牢固的握裹力，经 90℃ 反复折弯 5 次，不脱落。

保温板钢丝网架、聚合物水泥砂浆、外墙外保温罩面用砂浆、尼龙锚栓、低碳钢丝等材料，质量应符合设计要求。

3 施工技术要点

1) 工艺流程

钢筋绑扎→外墙保温板安装→模板安装→混凝土浇灌→模板拆除→混凝土养护→必要时用保温板面用胶粉聚苯颗粒保温浆料找平（内压钢丝网架）→抹面胶浆或抗裂砂浆防护层→粘贴外墙饰面砖

(1) 钢筋绑扎

按《混凝土结构工程施工质量验收规范》GB 50204 执行。靠近保温板的横向分布筋应弯成 L 形，以保护保温板。绑扎钢筋时严禁碰撞预埋件。

(2) 外墙保温板安装

① 内外墙体钢筋绑扎经验收合格后，方可进行保温板安装。

② 按照设计要求的墙体厚度在地板上弹墙厚线，以确定外墙厚度尺寸，在外墙钢筋外侧绑砂浆垫块，每块板内不少于 6 块。

③ 安装保温板时，板之间高低槽应用专用胶粘结。保温就位后，将 L 形 6mm 钢筋（钢筋应做防锈处理）按 600×1/3 板高间距空穿过保温板，深入墙内长度不得小于 100mm，并用火烧丝将其与墙体钢筋绑扎牢固。

④ 保温板外侧低碳钢丝网片均按楼层层高断开，互不连接。

（3）模板安装

在安装外墙外侧模板前，须在现浇混凝土墙体的根部或保温板外侧采取可靠的定位措施，以防模板挤靠保温板。

（4）混凝土浇灌

墙体混凝土浇灌前，保温板顶面必须采取遮挡措施，应安置槽口保护套，形状如"Π"形，宽度为保温板厚度＋模板厚度；混凝土振捣时严禁振捣棒紧靠保温板。

（5）模板拆除

先拆外墙外模板，再拆外墙内侧模板；穿墙套管拆除后，混凝土部位孔洞应用干硬性砂浆捻塞，保温板部位孔洞应用保温材料堵塞，其深度应进入混凝土墙体不小于50mm；拆模后保温板上的横向钢丝，必须对准凹槽，钢丝距槽底不小于8mm。

（6）必要时在保温板面抹胶粉聚苯颗粒保温浆料找平层（内压钢丝网架）

① 清除保温板上余浆、灰尘、油渍和污垢。如有缺陷，加以修补。

② 绑扎阴阳角、窗口四角加强网，拼缝网之间的钢丝应用火烧丝绑扎，附加窗口角网，尺寸为200×400，与窗角呈45°。

③ 保温板面和钢丝网架应刷界面剂，要求均匀一致，不得露底。

④ 抹灰应分底灰和面层，分层抹灰待底层抹灰初凝后方可进行面层抹灰，每层抹灰厚度不大于10mm。如超过10mm则分层抹。总厚度不宜大于30mm（从保温板凸槽面起始），每层抹完后均需养护，可洒水或喷养护剂。

⑤ 找平抹灰层之间及抹灰层与保温板之间必须粘结牢固，无脱层、空鼓现象。凹槽内砂浆饱满，并全部包裹住横向钢丝，抹灰层表面应光滑洁净，接搓平整，线条应垂直、清晰。

（7）用抹面胶浆或抗裂砂浆在找平层上薄抹成防护层。

（8）粘贴外墙饰面砖。

4.3.5 夹心保温墙节能工程

1 混凝土小型空心砌块夹心保温墙基本构造见表 4.3.5-1

表 4.3.5-1 混凝土小型空心砌块夹心保温墙基本构造

外墙内叶墙①	外保温作法			构造示意图
	保温层②③	防护层（外叶墙）④	饰面层⑤	
××厚混凝土小型空心砌块	EPS板××厚空气层	××厚混凝土砌块或劈裂块	饰面砂浆或直接防水涂料喷涂	

2 材料

混凝土砌块必须具备产品合格证书，标明生产日期、型号、批量、强度等级和质量指标。施工现场应按规定的质量指标及产品合格证书对混凝土砌块进行验收，并按表 4.3.5-2 控制块体砌筑时的含水率。

表 4.3.5-2 砌块的收缩率和相对含水率

收缩率(%)	相对含水率(%)不大于		
	施工现场或使用地点的湿度条件		
	潮湿	中等	干燥
≤0.03	45	40	35
0.03～0.045	40	35	30
0.045～0.065	35	30	25

注：表中潮湿系指年平均相对湿度分别为大于75％、50％～75％、小于50％的地区

砌筑砂浆宜采用强度高、粘结性和易性好、保水性强的砂浆。砂浆的稠度宜为80~90mm，分层度宜为10~20mm，容重不应小于1800kg/m³，砂浆的粘结性以沿块体竖向抹灰后拿起转动360°不掉砂浆为准。有冻融循环要求时，砂浆应进行冻融循环试验，其重量损失不得大于5%，强度损失不得大于25%。每个楼层或250m³的砌体中，每种强度等级的砂浆至少制做两组（每组6个）试块。

夹心墙的连接钢筋网片宜选用工厂生产的成品，网片由Φ4~Φ8的变形钢筋点焊而成，网片应进行防锈处理，当采用热镀锌方式时镀层厚度要求不小于290g/m²。当直径超过4mm时应采用机械平焊。

3 施工技术要点

1）工艺流程

清理基层→定位放线→立皮数杆→砌筑内叶墙→砌筑外叶墙→保温板安装固定→浇筑灌孔混凝土→外墙饰面

2）技术要点

（1）砌筑内叶墙

砌筑从转角或定位处开始，内外墙同时进行，外墙转角处、纵横墙交接处，混凝土砌块墙体应对孔错缝搭砌。搭接长度不应小于90mm，当不能保证此规定时，应在灰缝中设置拉结钢筋或网片。

（2）砌筑外叶墙

按设计要求尺寸设置砂浆挡板；将外叶墙砌至拉结件的竖向间距，取出砂浆挡板；清理槽内掉落的砂浆并刮平灰缝砂浆。

（3）保温板安装固定

① 将与拉结件间距等高的保温板贴内叶墙放好，要求上下采用企口连接，左右保温板间靠紧。

② 当夹心墙设计有空气隔层时，要固定保温板，保证空气间层尺寸准确，上下贯通。

③ 每层圈梁顶部，均应在外叶墙竖向灰缝中预留排湿通道。

④ 铺设防腐拉结件，拉接网片的横向钢筋放置在砌块肋中部，网片搭接长度不小于200mm。

（4）外墙饰面

夹心墙粘贴饰面施工必须在外叶墙干缩稳定后进行。

4.3.6 外墙内保温节能工程

1 基本构造

外墙内保温节能工程的构造做法有很多，一般情况在有地下车库和人防外墙内侧、采暖房间与不采暖房间之间或分户内墙采用聚苯颗粒保温浆料的做法。

2 材料

1）水泥砂浆界面剂、聚苯颗粒保温胶粉料、水泥砂浆抗裂剂、耐碱玻纤网格布、抗裂柔性耐水腻子等材料的主要技术指标、存运应符合设计要求。

2）施工配合比

界面砂浆

水泥∶细砂∶水泥砂浆界面剂＝1∶1∶1（重量比）

保温浆料

聚苯颗粒∶保温胶粉料∶水＝1（袋）∶1（袋）∶35～40kg

抗裂砂浆

抗裂剂∶水泥∶中砂＝1∶1∶3（重量比）

抗裂柔性耐水腻子

预混合胶液∶P.O32.5以上 1∶0.4（重量比），配好的腻子在2h内用完。

注：建设部2004年第218号公告第103条规定：外墙内保温浆体材料属于限制性使用材料，不得用于大城市民用建筑外墙内保温工程。

3 施工工艺流程

基层墙体清理→墙体毛化处理→吊垂直、套方、弹控制线→做灰饼、冲筋→抹保温浆料→保温层验收→抹水泥抗裂砂浆→刮

抗裂柔性耐水腻子→刷耐擦洗涂料

4 施工技术要点

1) 墙面基层处理

将墙面的灰浆铲除干净,用10%的火碱水清洗油渍,然后用清水冲洗干净。墙表面凸起物大于或等于10mm时应剔凿平整。

2) 墙面界面砂浆拉毛

用笤帚将界面砂浆甩在混凝土墙面上,甩点要均匀,并拉出毛刺,凝固以后浇水养护至手掰不动为止。砖墙不需拉毛,抹灰前用水湿润。

3) 吊垂直、套方、弹控制线、做灰饼

根据室内楼面上的500mm墙体控制线,弹出装饰层厚度控制线,在墙根处距楼面150mm高处做厚度灰饼,间隔1.5m,吊垂直,做墙顶部灰饼,两灰饼之间拉通线,补充墙体中间部位灰饼,使灰饼之间的距离(横、竖)为1.5m。

灰饼可用保温浆料提前预制好并裁成5cm×5cm,用界面砂浆或其他干缩变形量小的粘结材料粘结。

4) 抹保温浆料

(1) 搅拌需设专人专职进行保温浆料及抗裂砂浆的搅拌,保证搅拌时间和加水量的准确。在施工现场搅拌质量可以通过观察其可操作性、抗滑坠性、膏料状态以及其湿表观密度是否控制在 $350 \sim 420 \text{kg/m}^3$ 之间等方法判断。

(2) 保温层抹灰厚度20mm(具体工程按设计要求),一次抹完。首先根据墙面做的灰饼厚度用1:3水泥砂浆(内掺20%的108胶水溶液)将局部保温超厚的部位抹平,用木抹子搓毛,并浇水养护达到一定强度;在墙面上涂刷水重10%的界面处理剂,随刷随抹保温层,第一遍厚度控制在15mm,用木抹子压实,用2m靠尺刮平,待保温层微干时(约2h)用托线板检查墙面垂直度，再进行局部找平。然后进行保温层验收。

5）抗裂层施工

待保温层干燥后（3～7d）且保温层施工质量验收以后施工抗裂层。

（1）抹抗裂砂浆：在保温层上抹抗裂砂浆，厚度控制在3～4mm，然后用铁抹子将表面收平压光，保持阴阳角处的方正和垂直度。

（2）对于一些在抗裂层施工时未处理好的孔洞，在孔洞的周边应留出30cm左右的位置，不抹水泥抗裂砂浆，耐碱网格布沿对角线裁开，形成四个三角片，在修补孔洞时，用保温浆料填平孔洞，使孔洞周围200mm见方的保温层略低于其他保温层3～5mm。保温层干燥后，抹抗裂砂浆，加贴200mm见方的耐碱网格布压平，并将原预留耐碱网格布压入水泥抗裂砂浆中。

（3）在窗洞口等处应在窗洞口四角沿45°方向增贴一道网格布（200mm×300mm）。

6）刮抗裂柔性耐水腻子

（1）墙面在刮腻子前应先喷、刷一道胶水（重量比为水：乳液＝5：1），以增强腻子与基层表面的粘结性，应喷（刷）均匀一致，不得有遗漏处。

（2）墙面满刮3mm厚耐水腻子。首先将墙面浮尘等扫净。然后刮第一遍耐水腻子，用胶皮刮板横向满刮，一刮板紧接着一刮板，接头不得留茬。干燥后用1号砂纸磨，将浮腻子及斑迹磨平磨光，再将墙面清扫干净。第二遍用胶皮刮板竖向满刮，所用材料和方法同第一遍腻子，干燥后用1号砂纸磨平并清扫干净。第三遍用胶皮刮板找补腻子，用钢片刮板满刮腻子，将墙面等基层刮平刮光，干燥后用细砂纸磨平磨光，注意不要漏磨或将腻子磨穿。

7）涂刷耐擦洗涂料

4.4 检　　验

4.4.1 建筑围护结构的施工完成以后，应对外墙节能构造进行现场实体检验。外墙节能构造现场实体检验的目的是：

　　1　验证墙体保温材料的种类是否符合设计要求。

　　2　验证保温层厚度是否符合设计要求。

　　3　检查保温层构造做法是否符合设计和施工方案要求。

4.4.2 外墙节能构造的现场实体检验采用钻芯检验方法，应在外墙施工完成后，节能分部工程验收前进行。其抽样方法、监理见证、合格评定和钻芯检验方法按《建筑节能工程施工质量验收规范》GB 50411 执行。

5 幕墙节能工程

5.1 一般规定

5.1.1 本章适用于透明、非透明的各类建筑幕墙制作、安装的节能工程施工。建筑幕墙包括玻璃幕墙、石材幕墙、人造板幕墙、金属幕墙等。

5.1.2 透明幕墙、非透明幕墙制作和安装的节能工程施工除应符合《建筑节能工程施工质量验收规范》GB 50411 和《建筑装饰装修工程施工质量验收规范》GB 50210 的规定外，尚应符合现行国家、行业标准及有关规定。

5.1.3 幕墙附着在主体结构上的隔汽层、保温层应在主体结构工程质量验收合格后施工。施工过程中应及时进行质量检查、隐蔽工程验收和检验批验收，施工完成后应进行幕墙节能分项工程验收。

5.1.4 幕墙节能工程使用的保温隔热材料，其导热系数、密度、燃烧性能应符合设计要求。幕墙玻璃的传热系数、遮阳系数、可见光透射比、中空玻璃露点应符合设计要求。

5.1.5 幕墙安装施工前应编制施工组织设计，其中应包括节能技术内容。

5.1.6 建筑幕墙的非透明部分、窗坎部分和窗坎墙部分，应充分利用幕墙面板背后的空间，采用高效、耐久的保温层进行保温，以满足墙体的保温隔热要求。保温层可采用岩棉、超细玻璃棉或其他不燃、难燃保温材料制作的保温板。保温材料应有可靠的固定措施。严寒、寒冷地区，幕墙非透明部分面板的背后保温材料所在空间应充分隔汽密封，防止结露。隔汽密封空间的上、下密封应严密,空间靠近室内的一侧可采用防水材料或金属板作为隔汽层,隔汽层可附着在实体墙的外侧。幕墙与主体结构间(除结构连接部位外)不应形成热桥。

5.1.7 严寒、寒冷、夏热冬冷地区,玻璃幕墙周边与墙体或其他维护结构连接处应为弹性构造,采用防潮型保温材料填塞,缝隙应采用密封剂或密封胶密封。

5.1.8 严寒、寒冷、夏热冬冷地区建筑的玻璃幕墙宜进行结露验算,在设计计算条件下,其内表面温度不宜低于室内的露点温度。外窗、玻璃幕墙的结露验算应符合《建筑门窗玻璃幕墙热工计算规程》JGJ/T 151的规定。

5.1.9 建筑外窗、玻璃幕墙的遮阳应综合考虑建筑效果、建筑功能和经济性,合理采用建筑外遮阳并和特殊的玻璃系统相配合。

  1 建筑设计宜结合外廊、阳台、挑檐等处理方法进行建筑遮阳。

  2 玻璃遮阳可采用花格、挡板、百叶、卷帘等。挡板、百叶、卷帘可采用智能化的控制装置进行调节,以达到遮阳、采光的协调。

5.1.10 当建筑采用双层玻璃幕墙时,严寒、寒冷地区宜采用空气内循环的双层形式;夏热冬暖地区宜采用空气外循环的双层形式。

5.1.11 装备空调设备的建筑大面积采用玻璃窗、玻璃幕墙时,根据建筑功能、建筑节能的需要,可采用智能化控制的遮阳系统、通风换气系统等。智能化的控制系统应能够感知天气的变化、能结合室内的建筑需求,对遮阳装置、通风换气装置等进行实时监控,达到最佳的室内舒适效果,减低空调能耗。

5.1.12 遮阳设施应根据地区气候特征、经济技术条件、房间使用性质等综合因素,满足夏季遮阳、冬季阳光入射、自然通风、采光等要求。

5.1.13 夏热冬暖地区、夏热冬冷地区的建筑以及寒冷地区中制冷负荷大的建筑,外窗(包括透明幕墙)宜设置外部遮阳。

5.1.14 幕墙的气密性能应符合设计规定的等级要求。当幕墙面积大于 3000 m^2 或大于建筑外墙面积 50%时,应现场抽取材料和配件,在检测实验室安装制作试件进行气密性能检测,检测结果应符合设计规定的等级要求。密封条应镶嵌牢固、位置正确、对接严密。单元幕墙板块之间的密封加工、安装应符合设计要求。开启扇应关闭严密。气密性能检测试件应包括幕墙的典型单元、典型拼缝、典型可开启部分。试件应按照幕墙工程施工图进行设计。试件设计应经建筑设计单位项目负责人、监理工程师同意并确认。气密性能的检测应按照国家现行有关标准的规定执行。

5.1.15 幕墙节能工程使用的保温材料,其厚度应符合设计要求,安装牢固,且不得松脱。

5.1.16 幕墙工程热桥部位的隔断热桥措施应符合设计要求,断热节点的连接应牢固。

5.1.17 幕墙隔汽层应完整、严密、位置正确,穿透隔汽层处的节点构造应采取密封措施。

5.2 材　　料

5.2.1 幕墙节能工程中的保温材料、密封条、密封胶、遮阳构件、隔热型材等构件和附件中的材料品种、规格、色泽和性能应符合设计要求。所选用的材料应符合国家现行产品标准的有关规定,同时应有出厂合格证。

5.2.2 幕墙所选用材料的物理力学性能及耐候性能应符合设计要求。

5.2.3 幕墙玻璃的外观质量和水密性、气密性等性能及分级应符合现行国家标准《建筑幕墙》GB/T 21086 及现行行业标准的规定。

5.2.4 玻璃幕墙采用中空玻璃时，除应符合现行国家标准《中空玻璃》GB/T 11944的有关规定外，尚应符合下列规定：

中空玻璃气体层厚度不应小于9mm；

中空玻璃应采用双道密封；

中空玻璃的间隔铝框可采用连续折弯型或插角型，不得使用热熔型间隔胶条。间隔铝框中的干燥剂宜采用专用设备装填；

中空玻璃加工过程宜采取措施，消除玻璃表面可能产生的凹、凸现象。

5.2.5 玻璃幕墙采用夹层玻璃时，应采用干法加工合成，其夹片宜用聚乙烯醇缩丁醛（PVB）胶片。夹层玻璃合片时，应严格控制温度、湿度。

5.2.6 玻璃幕墙采用单片低辐射镀膜玻璃（LOW-E）时，应使用在线热喷涂法低辐射镀膜玻璃；离线镀膜的低辐射镀膜玻璃宜加工成中空玻璃使用，且镀膜面应朝向空气腔层。

5.2.7 玻璃幕墙的隔热保温材料，宜采用岩棉、矿棉、玻璃棉、防火板等不燃或难燃材料。松散类的隔热保温材料应用铝箔等进行包封处理，以防水和防潮。幕墙采用的橡胶制品宜采用三元乙丙橡胶、氯丁橡胶；密封胶条应为挤出成型，橡胶块应为压模成型。

5.2.8 密封胶条的技术要求和性能试验方法应符合国家现行标准的规定。

5.2.9 幕墙节能材料和设备需进行复验项目如下：

1 保温材料：导热系数、密度。

2 幕墙玻璃：可见光透视比、传热系数、遮阳系数、中空玻璃露点。

3 隔热型材：抗拉强度、抗剪强度。

5.3 施工技术要点

5.3.1 玻璃幕墙（构件式、单元式、点式、全玻璃等）节能施

工技术要点

1 层间保温棉安装

1）工艺操作流程

保温棉尺寸测量→按尺寸下料→安放→固定→检查修补→隐蔽验收

2）安装技术要点

保温棉需根据设计图纸要求的厚度及现场实测的宽度尺寸进行截切后安装于防火板内，安装时应避免被雨水淋湿，安装完后应在表面用钢丝网封闭。玻璃幕墙后置保温隔热层见图5.3.1-1。

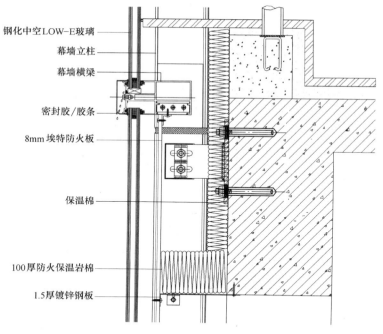

图 5.3.1-1 玻璃幕墙后置保温隔热层

安装幕墙保温、隔热构造时应符合下列要求：

保温棉塞填应饱满、平整、不留间隙,其密度应符合设计要求;

保温材料安装应牢固,应有防潮措施,在以保温为主的地区,保温棉板的隔汽铝箔面应朝室内,无隔汽铝箔面时,应在室内设置内衬隔汽板;

保温棉与玻璃应保持 30mm 以上的距离,金属板可与保温材料结合在一起。

2 玻璃幕墙与主体结构之间保温材料的安装

玻璃幕墙四周与主体结构之间的间隙,均应采用防火保温材料填塞,填装防火保温材料时一定要填实填平,不允许留有空隙,并采用铝箔或塑料薄膜包扎,防止防火保温材料受潮失效。所采用的防火保温材料如无防潮性能,则不得在受潮后使用。玻璃幕墙与主体结构收口节点示意图见图 5.3.1-2,全玻幕墙与主

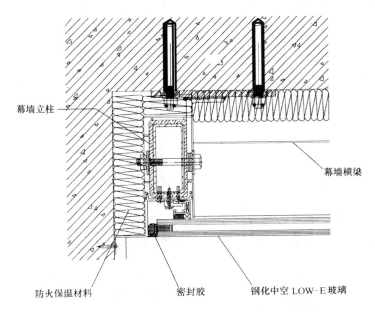

图 5.3.1-2 玻璃幕墙与主体结构收口节点示意图

体结构收口节点示意图见图 5.3.1-3，点式幕墙与主体结构收口节点示意图见图 5.3.1-4。

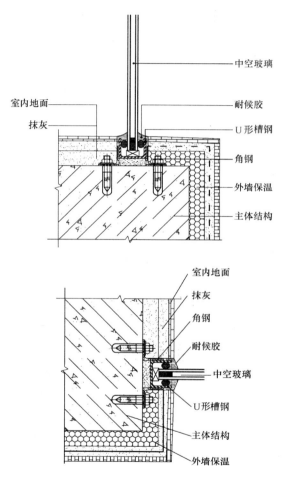

图 5.3.1-3　全玻幕墙与主体结构收口节点示意图

3　密封处理

1）耐候硅酮密封胶的施工工艺流程

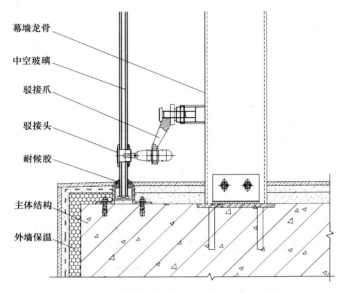

图 5.3.1-4 点式幕墙与主体结构收口节点示意图

清洗基体表面→贴保护胶纸→清洗玻璃→打胶→刮平→撕去保护胶纸

2）耐候硅酮密封胶的施工应符合下列要求

（1）耐候硅酮密封胶的施工必须严格按工艺标准执行，施工前应对施工区域进行清洁，应保证缝内无水、油渍、铁锈、水泥砂浆、灰尘等杂物，可采用二甲苯，丙酮或甲基二乙酮作清洁剂。

（2）施工时，应对每一管胶的规格、品种、批号及有效期进行检查，符合要求方可施工，严禁使用过期的密封胶。

（3）耐候硅酮密封胶的施工厚度、施工宽度应符合设计要求。注胶后应将胶表面刮平，去掉多余的密封胶。

（4）耐候硅酮密封胶在缝内应形成相对两面粘结，不得三面粘结，较深的密封槽口底部应采用聚乙烯发泡材料填塞。

（5）为保护玻璃和铝框不被污染，应在可能导致污染的部位贴纸基胶带。填完胶刮平后应及时将纸基胶带除去。

（6）注意不宜在夜晚打耐候胶、严禁在雨天打耐候胶。

（7）幕墙内外表面的接缝或其他缝隙应采用密封胶连续密封，接缝应平整、光滑、并严密不漏水。

（8）嵌缝胶的深度（厚度）应小于缝宽度。

3）玻璃幕墙开启窗的周边缝隙、明框幕墙玻璃与型材间隙宜采用三元乙丙橡胶、氯丁橡胶或硅橡胶密封。开启窗扇与框间采用两道橡胶条密封，橡胶条拼接应严密（接缝处可注胶密封），窗框转角拼接处要注胶密封。

4 绝缘垫片设置

1）不同金属材料（如连接件与立柱间）接触处，应合理设置绝缘垫片隔离。设置绝缘垫片可防电化腐蚀，另外间接起到了断热作用。

2）立柱与横梁接触处设置柔性垫片，横梁两端与立柱间隙可预留 1~2mm 的间隙，间隙内填胶。

3）隐框幕墙采用挂钩式连接固定玻璃组件时，挂钩面要设置柔性垫片，明框幕墙玻璃下端与金属槽间应采用弹性垫块支承。

5 玻璃贴膜

1）开料（裁膜）

根据用户选定的建筑膜移置裁摸垫上进行裁膜，裁膜尺寸要大于原玻璃边缘尺寸 5cm，以便给贴膜时留有余量，注意裁膜的尺寸把握恰当，不浪费。

2）清洁玻璃

玻璃的内侧面为贴膜面，清洁一定要彻底。

（1）首先将长条形大毛巾铺设在施工位置地面，避免施工中损伤地板或漆面，方便摆放工具。

（2）在玻璃上喷洒清水，然后用手摸，检查和剔除稍大的尘粒，对于粘附得较牢的污垢和撕下的贴物残胶可用玻璃铲刀去除。

（3）用玻璃清洁胶刮自上而下，由中间向两边清除玻璃上的灰尘，每刮一次必须用干净的擦蜡纸去除刮板上的污物。整幅玻璃每刮一遍，要用清水喷洒一次，最后用塑料刮板刮除积水，确认玻璃已"一尘不染"时才可转入贴膜施工。

（4）仔细检查玻璃是否有暗伤，如有，须向业主说明情况，业主许可后再进行施工。

3）贴膜

（1）由于膜的尺寸面积较大，应由两人协同完成。

（2）将手清洗干净，以避免手上的污物带到膜上。为保证质量，避免扬尘，应关闭施工场所的所有进出风口，不得启动室内空调，使整个工作环境处于相对密封的状态。

（3）先撕掉建筑膜上的保护膜，在其粘胶面喷洒清水，再对整幅玻璃喷洒清水后将膜粘贴到玻璃上。

（4）上膜时不能碰到任何物体，将膜正确定位后用塑料刮板由中间向两边刮，清除内部的气泡和水分，检查建筑膜与玻璃之间，达到没有任何气泡或皱纹，使膜与玻璃完全贴合，清理作业现场。

5.3.2　石材与人造板幕墙节能工程施工技术要点

1　石材与人造板幕墙保温材料安装

石材与人造板幕墙的节能可通过在幕墙面板与主体结构之间的空气间层中设置保温层，以及在幕墙内部设置保温材料来实现，也可采用两者的组合做法。

1）将保温层复合在主体结构的外表面上，类同于普通外墙外保温的做法见图 5.3.2-1。

保温材料可采用挤塑聚苯板（XPS 板）、膨胀聚苯板（EPS 板）、半硬质矿（岩）棉板、泡沫玻璃保温板、复合硅酸盐硬质保温板、胶粉聚苯颗粒保温砂浆等。其应用厚度可根据地区的建

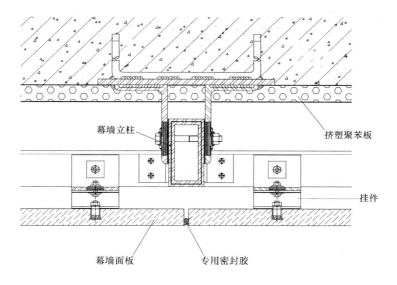

图 5.3.2-1 石材与人造板幕墙保温做法（一）

筑节能要求和材料的导热系数计算值通过外墙的传热系数计算确定。保温板与主体结构的连接固定可采用粘贴或机械锚固，或两者结合。

聚苯板安装方法见图 5.3.2-2。

2) 在幕墙板与主体结构之间的空气层中设置保温材料见图 5.3.2-3。

在水平和垂直方向有龙骨分隔的情况下，保温材料可钉挂在龙骨间层中。这种做法可使外墙中增加一个空气间层，提高墙体热阻。

3) 幕墙板内侧复合保温材料

幕墙的保温材料与石材、面板结合在一起，甚至可采用石材保温复合板，但保温层与主体结构外表面应有 50mm 以上的空气层，空气层应逐层封闭。保温材料可选用密度较小的挤塑聚苯板或膨胀聚苯板，或密度较小的无机保温板，见图 5.3.2-4。

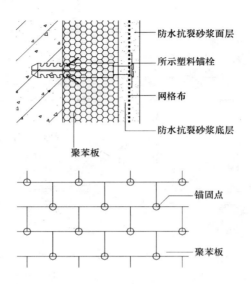

图 5.3.2-2 聚苯板安装方法示意图

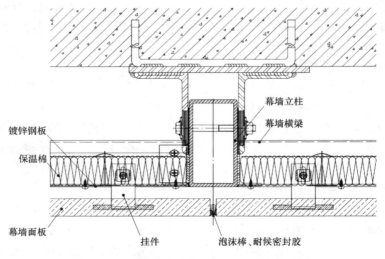

图 5.3.2-3 石材与人造板幕墙保温做法（二）

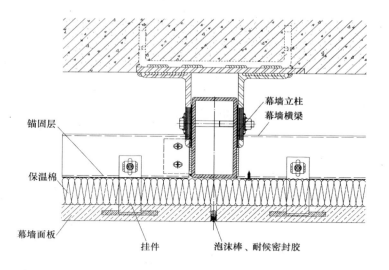

图 5.3.2-4 石材与人造板幕墙保温做法（三）

2 石材与人造板幕墙打胶密封应符合下列要求：

1）幕墙面板安装完后，板块间缝隙必须用专用密封胶填缝，予以密封，防止空气渗透和雨水渗漏。

2）打胶前，充分清洁板材间缝隙，不应有水、油渍、涂料、铁锈、水泥砂浆、灰尘等。

3）为调整缝的深度，避免三边粘胶，在胶缝内按要求填充泡沫棒；在需打胶的部位的外侧粘贴保护胶纸，胶纸的粘贴要符合胶缝的要求。

4）打胶时要连续均匀。胶注满后，应检查里面是否有气泡、空心、断缝、杂质，若有应及时处理。

5）注胶后将胶缝表面抹平，去掉多余的胶。

6）注胶完毕，等密封胶基本干燥后撕下多于纸基胶带，必要时用溶剂擦拭面板。

7）隔日打胶时，胶缝连接处应清理打好的胶头，切除已打胶的胶尾，以保证两次打胶的连接紧密统一。

8）注胶不宜在低于5℃的条件下进行，温度太低胶液发生流淌，延缓固化时间甚至影响拉结拉伸强度，必须严格按产品说明书要求施工。严禁在风雨天进行，防止雨水和风沙浸入胶缝。

9）胶在未完全硬化前，应避免沾染灰尘和划伤。

5.3.3 金属幕墙节能工程施工技术要点

1 金属幕墙保温隔热做法

为满足幕墙的防火性能和保温节能的要求，必须考虑幕墙的防火和保温措施。防火除了安装防火隔断板外，还要在板内填塞防火岩棉。层间位置处宜采用岩棉、矿棉、玻璃棉、防火板等不燃烧性或难燃烧性材料作为隔热保温节能材料。

1）板材边缘弯折后，同副框固定成型，同时根据板材的性质及具体分格尺寸的要求，在板材背面适当的位置设置加强筋。

2）副框与板材的侧面可用抽芯铝铆钉紧固，抽钉间距应在200mm左右。在副框与板材间用结构胶粘结。

3）复合铝塑板组框中采用双面胶带，只适用于较低建筑的金属板幕墙。

4）金属板幕墙注胶前，一定用清洁剂将金属板及铝合金（型钢）框表面清洗干净，清洁后的材料须在1h内密封，否则重新清洗。

5）如果在金属板幕墙的设计中，既有保温层又有防潮层，应先安装防潮层，然后再在防潮层上安装保温层。大多数金属板幕墙的设计通常只有保温层而不设防潮层，只需将保温层直接安装到墙体上。

6）防火棉及保温棉安装

（1）保温棉安装在主体墙外侧，一般采用挤塑聚苯板（XPS板）、膨胀聚苯板（EPS板）、半硬质矿（岩）棉板、泡沫玻璃保温板、复合硅酸盐硬质保温板、胶粉聚苯颗粒保温砂浆等保温材料，其施工方法及安装要求与一般外墙外保温做法相同。见图 5.3.3-1。

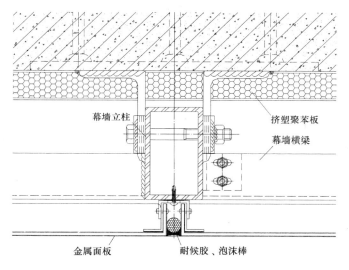

图 5.3.3-1 金属幕墙保温做法示意图（一）

（2）安装在幕墙框架内（距玻璃间隙不小于 20mm）或直接附在金属板背面。为玻璃棉独立安装时，应加设铝条加强筋，并用胶钉将玻璃棉与加强筋固定好。保温棉应在板块安装的同时安装，以避免被水淋湿，玻璃棉与框架周边的缝隙用胶带封闭。

保温防火棉安装应采用优质防火棉，抗火期限必须达到有关标准的要求。厚度不能小于设计值，隔热保温材料必须固定牢固。防火棉用镀锌铜板固定，应使防火棉连续地密封于楼板与金属板之间的空位上，形成一道防火带，中间不得有空隙。金属幕墙保温做法见图 5.3.3-2、图 5.3.3-3。

（3）当建筑大面为透明玻璃幕墙而结构梁处为金属幕墙时，见图 5.3.3-4、图 5.3.3-5。

金属幕墙分格线与结构梁之间的空隙部位应设置防火保温封

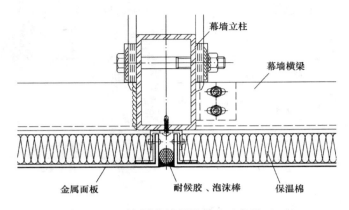

图 5.3.3-2 金属幕墙保温做法示意图（二）

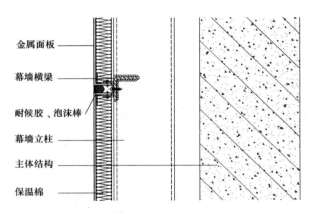

图 5.3.3-3 金属幕墙保温做法示意图（三）

堵，一般采用防火保温棉（或防火板）加镀锌钢板处理（图5.3.3-5）。封闭空气层宽度、保温棉的厚度选用需根据计算确定。从图示可以看出，通过围护结构的热量传递，从外传到内经过三个部分，即金属幕墙部分、封闭空气层部分与墙体部分。

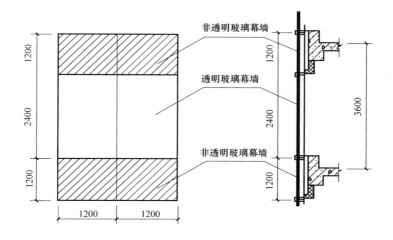

图 5.3.3-4 透明玻璃幕墙与金属幕墙组合分格示意图

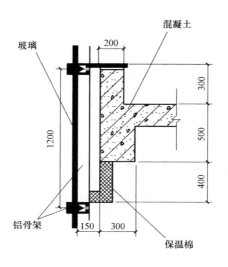

图 5.3.3-5 金属幕墙层间防火保温封堵示意图

2　金属幕墙大面部位密封

金属幕墙周边与墙体缝隙保温密封的填充部位如果处理不好，也会大大影响幕墙的节能。这些部位主要是密封问题和热桥问题。密封问题对于冬季节能非常重要，热桥则容易引起结露，这些部位处理应符合下列要求：

1）注胶前，一定用清洁剂将金属板及铝合金（型钢）框表面清洗干净，清洁后的材料须在 1h 内密封，否则重新清洗。

2）密封胶须注满，不能有空隙或气泡。

3）清洁用擦布须及时更换，以保持干净。

4）应遵守标签上的说明使用溶剂，使用溶剂的场所严禁烟火。

5）注胶之前，应将密封条或防风雨胶条安放于金属板与铝合金（钢）型材之间。

6）根据密封胶的使用说明，注胶宽度与注胶深度最合适的宽深比为 2∶1。

7）注密封胶时，应用胶纸保护胶缝两侧的材料，使之不受污染。

8）金属板安装完毕，在易受污染部位用胶纸贴盖或用塑料薄膜覆盖保护；易被划伤的部位，应设安全护栏保护。

9）所使用的清洁剂应对金属板、胶与铝合金（钢）型材无任何腐蚀作用。

10）金属板固定以后，板间接缝及其他需要密封的部位要采用耐候硅酮密封胶进行密封，注胶时需将该部位基材表面用清洁剂清洗干净后，再注入密封胶。注胶应符合下列要求：

① 耐候硅酮密封胶的施工厚度要控制在 3.5～4.5mm。

② 较深的板缝要采用聚乙烯泡沫条填塞，较浅的板缝直接用无粘结胶带垫于底部。

③ 注胶前，注胶部位用丙酮、二甲苯等清洁剂清洗干净，并将溶剂和污物擦拭干净。

④ 注胶工人一定要熟练掌握技巧。
⑤ 注意周围环境的湿度及温度等气候条件。

5.3.4 幕墙遮阳施工技术要点

1 外门窗遮阳

遮阳构件以采用轻质量为宜，遮阳构件经常暴露在室外，受日晒雨淋，容易损坏，因此要材料坚固耐久。遮阳材料的外表面对太阳辐射热的吸收系数要小。

1）遮阳分为外遮阳、内遮阳和中间遮阳三种形式。

2）外遮阳按构件活动方式，分为固定式和活动式两种。

3）外遮阳按遮阳构件安装位置可以分为四种：水平遮阳、垂直遮阳、综合式遮阳和挡板式。

水平式遮阳（图 5.3.4-1），在玻璃前采用重叠的伸出平板遮阳，能有效地遮挡太阳高度角较大的，从玻璃幕墙上方投射下来的阳光。故它适用于南向的玻璃幕墙建筑物。

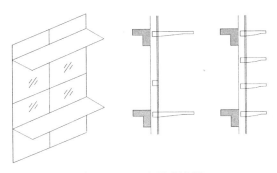

图 5.3.4-1 水平式遮阳

垂直式遮阳（图 5.3.4-2），在玻璃前设凸出板遮阳，能有效地遮挡角度较小的，从玻璃窗侧斜射进来的阳光。但对于角度较大的，从玻璃窗上面射下来的阳光，或接近日出、日没时平射的阳光，它不起遮挡作用。故垂直式的遮阳主要适用于东北、北和西北向附近的建筑物。

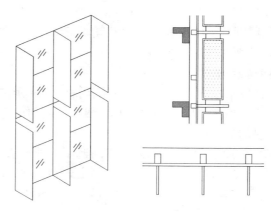

图 5.3.4-2 垂直式遮阳

综合式遮阳（图 5.3.4-3），综合式遮阳能有效地遮挡高角度中等的，从玻璃窗前射下来的阳光。遮阳效果比较均匀，故它适用于东南或西南向的建筑物。

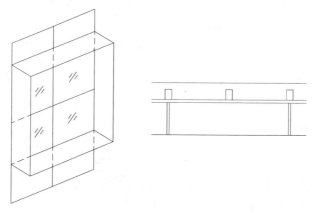

图 5.3.4-3 综合式遮阳

挡板式遮阳（图 5.3.4-4），这种形式的遮阳，能有效地遮挡高度角较小的，正射窗口的阳光，故它主要用于东西向的建筑物。

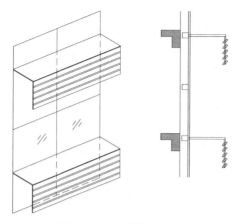

图 5.3.4-4 挡板式遮阳

2 遮阳板的安装

遮阳板板面应该离开玻璃墙面一定的距离安装，以使大部分热空气沿着墙面排走。如果遮阳是活动式的，要求轻便灵活，以便调节或拆除。遮阳设施的安装位置应满足设计要求，遮阳设施的安装应牢固。

5.4 验 收

5.4.1 幕墙工程应对下列隐蔽工程项目进行验收：

1 预埋件或后置螺栓连接件。
2 构件与主体结构的连接、构件之间的连接。
3 被封闭的保温材料厚度和保温材料的固定。
4 幕墙周边与墙体的接缝处保温材料的填充。
5 幕墙伸缩缝、沉降缝、防震缝及墙面转角节点。
6 隔汽层。
7 热桥部位、断热节点。
8 单元式幕墙板块间的接缝构造、单元式幕墙的封口节点。
9 冷凝水收集和排放构造。

10 幕墙的通风换气装置。
11 隐框玻璃板块的固定。
12 幕墙防雷装置。
13 幕墙防火构造。

5.4.2 幕墙节能工程验收时应检查下列文件和记录：

1 幕墙工程的施工图、结构计算书、设计说明及其他设计文件。

2 建筑设计单位对幕墙工程设计的确认文件。

3 幕墙工程所用各种材料、五金配件、构件及组件的产品合格证书、性能检测报告、进场验收记录和复验报告。

4 幕墙工程所用硅酮结构胶的认定证书和抽查合格证明，进口硅酮结构胶的商检报告，国家指定检测机构出具的硅酮结构胶相容性和剥离粘结性试验报告，石材用密封胶的耐污染性试验报告。

5 后置埋件的现场拉拔强度检测报告。

6 幕墙的抗风压性能、空气渗透性能、雨水渗透性能及平面变形性能检测报告。

7 打胶、养护环境的温度、湿度记录，双组分硅酮结构胶的混匀性试验记录及拉断试验记录。

8 防雷装置测试记录。

9 隐蔽工程验收记录。

10 幕墙构件和组件的加工制作记录，幕墙安装施工记录。

11 其他质量保证资料。

6 门窗节能工程

6.1 一般规定

6.1.1 本章适用于建筑外墙门窗节能工程施工。

6.1.2 图纸会审应审查设计图纸的节能标准、门窗造型、细部节点是否符合现行国家标准有关节能规定。

6.1.3 门窗节能工程施工与质量验收应符合《建筑节能工程施工质量验收规范》GB 50411 和《建筑装饰装修工程质量验收规范》GB 50210 的有关规定。

6.1.4 施工前应根据设计图纸和《建筑节能工程施工质量验收规范》GB 50411 及专业厂家技术标准编制作业指导书,并进行技术交底。

6.1.5 建筑外窗进入施工现场时,应对建筑外窗的气密性、保温性能、中空玻璃露点、玻璃遮阳系数和可见光透射比进行复验。复验应为见证取样送检,其性能应符合设计要求。

6.1.6 门窗遮阳产品可采用花格、外挡板、外百叶、外卷帘、玻璃内百叶等。建筑宜采用遮阳一体化的门窗遮阳系统。

6.1.7 居住建筑外窗应具有良好的密闭性能,应符合现行国家标准。

6.2 材 料

1 建筑外门窗型材

1)隔热条的材质、强度要求应符合《三硫化二锑》GB/T 5236 的要求,不得采用 PVC 材料替代。

2)未增塑聚氯乙烯(PVC-U)型材。

3）玻璃纤维增强塑料（玻璃钢）门窗型材。

2　建筑门窗玻璃应符合现行国家标准的有关规定

1）建筑门窗用平板玻璃的外观和性能应符合现行国家标准《普通平板玻璃》GB/T 4871 的有关规定。

2）中空玻璃应符合现行国家标准《中空玻璃》GB/T 11944 的有关规定。

3）热反射玻璃的原片玻璃应符合《浮法玻璃》GB 11614 的有关规定。

3　建筑门窗密封材料

1）用于安装玻璃的密封材料应选用橡胶系列密封条或硅酮密封胶，其中塑料门窗密封条的物理性能应符合《塑料门窗用密封条》GB/T 12002 标准中寒冷地区的规定；铝合金门窗的密封条应符合《建筑橡胶密封垫—预成型实心硫化的结构密封垫用材料规范》HG/T 3099 及《工业用橡胶板》GB/T 5574 的规定。硅酮建筑密封胶应符合《硅酮建筑密封膏》GB/T 14683 的规定。

2）框扇间用密封条应选用橡胶密封条或经过硅化处理密封毛条，其中橡胶系列密封条的物理性能符合《塑料门窗用密封条》GB/T 12002 标准中寒冷地区的规定；密封毛条的空气渗透性能、机械性能及尺寸允许偏差应符合《建筑门窗密封毛条技术条件》JC/T 635 标准中优等品的规定。

3）填充建筑外门、外窗与洞口之间的伸缩缝内腔以及副框与洞口之间的伸缩缝内腔，应采用聚氨酯发泡密封等弹性闭孔材料。

4）密封建筑外门、外窗的室外防雨槽必须采用中性硅酮系列耐候密封胶。

5）带副框的建筑门窗，其相连接处应采用硅酮系列耐候密封胶。

6.3 施工技术要点

6.3.1 门窗框与洞口间隙的密封和隔热处理

1 填缝料选择

《建筑节能工程施工质量验收规范》GB 50411规定,对门窗框或副框与洞口之间的间隙应采用弹性闭孔材料填充饱满,聚氨酯发泡填缝料具有导热系数低、隔热性能好、弹性好、具有较强的粘结性。其封闭孔洞具有较好的防水功能,能较好地解决窗框与窗洞间的渗漏、热桥问题和框料胀缩问题。

2 门窗与洞口的间隙要求

带副框的门窗一般是先装副框,连接固定后再进行洞口及室内外的装饰作业;不带副框门窗的通常是在室内外墙面及洞口粉刷完毕后进行安装,即净口安装。洞口粉刷后形成的尺寸必须准确,对洞口精度要求见表6.3.1。

表6.3.1 洞口的精度要求(mm)

构造类别	宽度		高度		对角线差		正、侧面垂直度		平行度
	≤1500	>500	≤500	>1500	≤2000	>2000	≤2000	>2000	
有副框门窗或组合拼管安装的允许偏差	≤2.0	≤3.0	≤2.0	≤3.0	≤4.0	≤5.0	≤2.0	≤3.0	≤3.0
无副框门窗洞口粉刷后尺寸允许偏差	+3.0	+5.0	+6.0	+8.0	≤4.0	≤5.0	≤3.0	≤4.0	≤5.0

注:①洞口与门窗外框之间的缝隙,一般竖缝为3~5mm,横缝6~8mm。②一般情况下当室外装饰面层为大理石、陶瓷锦砖、瓷砖等,或窗侧保温层大于30mm时,需要安装副框;当窗侧保温层抹灰厚度不大于30mm时,则可以不安装副框,门窗外框直接与洞口固定。

3 密封处理

1)检查门窗框或副框安装质量,确保其安装精度。

2)洞口处理:进行室内、外墙面及洞口侧面抹灰或粘贴装饰面层时应在副框两侧留出槽口，待其干后注入密封膏封严。

3）无副框的门窗：一般宜在室内外及门窗洞口粉刷完毕后进行。这种门窗对洞口的粉刷尺寸要求较严，施工时应特别注意。

4）清理缝隙：首先清除缝内砖屑、石子等杂物，再用毛刷、鼓风器（俗称皮老虎）清除里面的浮尘。

5）基层湿润：填缝料前先在基层用喷水壶喷洒一层清水，为保证喷洒均匀，要使其形成水雾（可用小型加压喷雾器）。其原因是基层湿润有利于填缝料充分膨化，且有利于填缝料与周围充分粘结。

6）填缝操作：将罐内料摇均1min后装枪，填注时按垂直方向自下而上，水平方向自一端向另一端的顺序均匀慢速喷射。由于填缝料的膨化作用，施工时喷射量可控制在需填充体积的2/3，槽表面应预留10mm深凹槽。喷射后应立即在表面再次用喷雾器喷洒水雾，以利其充分膨化。

7）填缝料大约在施打10min后开始表面固化，1h后即可进行下道工序，在充分固化后，应先对其进行修整，用美工刀修理成10mm深的槽。

8）填缝料修理后外墙保温层收口至门窗框的外边，减少此处的热桥效应，提高此处的保温效果。另外在这两种材料收口处应涂刷两遍以上的防水涂膜，防止门窗框与墙体之间渗漏。

9）打密封胶：窗框四周内外密封胶应在内外墙涂料施工前填打，胶体斜面宽度不得少于12mm，以12～15mm为宜。填密封胶时应均匀不间断，胶体宽度均匀一致。门窗框与洞口间隙的密封和隔热处理见图6.3.1。

6.3.2 门窗框与玻璃之间密封处理

1 门窗构件连接密封及玻璃与窗框之间密封处理

1）窗框在工厂内一次性制作完成，不在现场组装，转角处不能有接茬，要求加胶，加垫，构件连接的缝隙应进行密封处

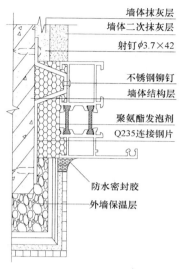

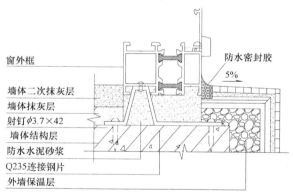

图 6.3.1 门窗框与洞口间隙的密封和隔热处理示意图

理;组角时,要求角内腔面应填注少量的硅胶,防止渗水。

2)构件四周的密封胶条的穿塞应到位,胶条脚部分应完全落入型材滑槽内,转角处应将胶条切割成 45°角后用氰基丙烯酸酯胶粘剂(502)快干胶粘结牢固。

3) 玻璃密封与固定：玻璃就位后，应及时用胶条固定。密封固定的方法有三种：用橡胶条嵌入凹槽挤紧玻璃，然后在胶条上面注入硅酮系列耐候密封胶；用 10mm 长的橡胶块将玻璃挤住，然后在凹槽中注入硅酮密封胶；将橡胶压入凹槽、挤紧，表面不再注胶。

4) 玻璃与型材间胶条的嵌填应牢固可靠，胶条嵌填前应事先用中性硅胶将胶条与玻璃接触面少量施注，特别注意胶条的断头留在窗扇部分的上部，同时，胶条应预留部分伸缩余地。

5) 玻璃放在凹槽的中间，内、外两侧的间隙不应少于 2mm，否则会造成密封困难；但也不宜大于 5mm，否则胶条起不到挤紧、固定的作用。玻璃的下部不能直接坐落在金属面上，而应用氯丁橡胶垫块将玻璃垫起。

2 门窗注胶

1) 在施工现场打胶主要保证打胶处的清洁与干燥，要正确处理打胶的接口处，基本步骤可分清洁、打胶、刮胶三步。接口表面必须干净、干燥、无灰尘；打胶时需用力压胶使其注满接口空隙；将胶刮进结构性接口，确保其湿润和接触到接口的两边，而不会在接口中留下任何空腔。

2) 清洁溶剂的选择因污染物的不同和基材的不同而异，非油性的灰尘和污垢，用 10％的异丙醇或 75％的酒精。油性的污垢和薄膜，需用二甲苯来清洁。

（1）倒合适纯度级别的溶剂在布上，决不可以将布直接浸在溶剂里，因为布上沾染的灰尘会污染到溶剂。

（2）用力擦拭表面，检查抹布确认是否将表面污垢吸附。轮流用布上干净的地方来进行清洁工作直至没有污垢吸附在布上。

（3）在溶剂挥发前，立即用另一块干净、干燥的棉布擦干净清洁过的地方。将会使灰尘和悬浮在溶剂里的污染物被第二块干布带走。有时可能需要多次清洁来完全擦净基材的表面。

3）清洁完后,等待干燥的时间内,必须采用一次性的纱布把需要打胶的部位封起,来防止灰尘重新污染表面。在基材清洁完1~2h后进行打胶。

4）应使用纸基胶带粘在接口的两侧,防止多余的胶接触到相邻的表面上,确保基材表面美观、整洁。

5）打胶时应边揭胶布边进行打胶,防止灰尘再次污染基材表面。

6）使用打胶枪应以连续操作的方式打胶。用足够的正压力将整条接口注满。

7）在胶缝表面形成结皮前（一般为10~20min）用力刮压胶。刮胶时应尽量向内侧刮入少许,这样可以避免在胶没有达到固化强度时向两侧鼓起,从而保证外观形象。刮胶可以使胶靠紧接口表面,在刮胶时不能使用液体辅助材料来帮助刮胶,以免妨碍胶的固化和粘结性。

8）在胶结皮前（约刮胶后15min内）揭去纸基胶带。

9）门窗工程的打胶工作,必须由专业人员进行,所有的打胶人员必须经过专业培训,并且持证上岗。

10）门窗工程的打胶工作为特殊作业工序,在作业前,必须制定相关的工序操作流程,打胶作业必须按照操作流程进行。

6.4 检 测

6.4.1 材料和半成品进场后除进行可视检查（外观、品种、规格及附件）、质量证明文件的核查,还应做好材料和半成品的抽样复验工作。

6.4.2 建筑外门窗的气密性、保温性能、中空玻璃露点、玻璃遮阳系数和可见光透射比应符合设计及规范要求。建筑外窗的性能要求见表6.4.2。

表 6.4.2 建筑外门窗的性能要求

性能要求 类别	热工分区	严寒、寒冷地区	夏热冬冷地区	夏热冬暖地区
性能复验 (见证取样送检)	项目	①气密性；②传热系数；③中空玻璃露点	①气密性；②传热系数；③玻璃遮阳系数；④可见光透射比；⑤中空玻璃露点	①气密性；②玻璃遮阳系数；③可见光透射比；④中空玻璃露点
	检验	检验方法：随机抽样送检；核查复验报告		
现场实体检验	项目	建筑外窗气密性现场检验	—	
	检验	检验方法：随机抽样现场检验 检查数量：同一厂家同一品种、类型的产品各抽查不少于3樘		

6.4.3 建筑外门窗抗风压、气密、水密、保温、隔声、采光性能分级标准和检测方法。

建筑外门窗抗风压、气密、水密、保温、隔声、采光性能分级标准和检测应符合设计要求，并分别按《建筑外门窗气密、水密、抗风压性能分级及检测方法》GB/T 7106、《建筑外门窗保温性能分级及检测方法》GB/T 8484、《建筑外窗空气隔声性能分级及检测方法》GB/T 8485、《建筑外窗采光性能分级及检测方法》GB/T 11976 进行检测。

7 屋面节能工程

7.1 一般规定

7.1.1 本章适用于平屋面、坡屋面、倒置式屋面、架空屋面、种植屋面、蓄水屋面的节能工程施工，屋面保温隔热材料采用松散保温材料、现浇保温材料、喷涂保温材料、板材、块材等。

7.1.2 屋面的节能技术与建筑屋顶的构造形式和保温隔热材料性质有关，屋面构造形式基本上分为实体材料层节能屋面、通风保温隔热屋面、植被屋面和蓄水屋面等。根据屋面的热工性能进行分类，可分单一保温隔热屋面、外保温隔热倒置式屋面和内保温隔热屋面。

7.1.3 屋面节能工程使用的保温隔热材料，其导热系数、密度、抗压强度或压缩强度、燃烧性能应符合设计要求。

7.1.4 屋面板（块）状保温材料进场后，应妥善保管，宜储存于室内；若置于室外，应堆放在平整、坚实场地上并防止雨淋、暴晒，避免破损、污染；搬运时应轻拿轻放，防止损坏断裂、缺棱掉角，保证板外形完整。

7.1.5 当屋面采用基层加设保温隔热系统的方式施工时，应选择高效节能、耐久性好的保温隔热材料，以减小保温隔热层的厚度及材料用量。

7.1.6 保温层干燥有困难时，施工时要与设计单位做好协商，根据保温层种类确定具体排汽措施；雨期施工期间对保温材料、保温层要做好防雨和遮挡措施，满足保温层含水率要求。

7.1.7 屋面保温工程施工及验收时应提供以下记录和资料：

1 屋面保温材料、胶粘剂及其他材料的合格证（质量保证书）及产品性能检测报告。

2 产品节能指标现场复试报告。
3 保温层施工记录。
4 保温层厚度、坡度和平整度等外观检查记录。
5 隐蔽工程验收记录。
6 屋面节能工程检验批/分项工程质量验收记录。
7 其他必须提供的资料。

7.2 材 料

屋面部位的保温隔热系统要求采用专用的配套材料,以加强各层次之间的粘结或连接强度,确保系统的安全性和耐久性。

屋面保温板材铺设时应平整牢固、拼缝严密,板缝间隙不宜大于2mm。板材在铺设过程中遇有缺棱掉角破碎不齐的,应锯平拼接使用,或以同类材料的碎块用胶结材料补好。

7.2.1 常用屋面保温隔热材料

憎水膨胀珍珠岩板、硬质聚氨酯泡沫塑料、聚苯乙烯泡沫塑料板、挤塑聚苯乙烯泡沫塑料板、蒸压加气混凝土块、泡沫玻璃板、金属保温夹芯屋面板。

7.2.2 保温隔热材料性能指标

屋面保温隔热材料的技术指标,直接影响节能屋面质量的好坏,在符合设计要求的前提下,在材料采购及进场验收时应从以下几个方面对保温隔热材料提出要求:

1 保温隔热材料导热系数

表 7.2.2-1 保温隔热材料导热系数表

项次	材料名称	项 目	单 位	性能指标
1	憎水膨胀珍珠岩板	导热系数	W/(m·K)	≤0.087
2	硬质聚氨酯泡沫塑料			≤0.027
3	聚苯乙烯泡沫塑料板			≤0.041
4	挤塑聚苯乙烯泡沫塑料板			≤0.030
5	蒸压加气混凝土块			≤0.19
6	泡沫玻璃板			≤0.062
7	挤塑式聚苯乙烯夹芯板			≤0.028

2 保温材料的堆密度和表观密度

表 7.2.2-2 保温材料的堆密度和表观密度表

项次	材料名称	项目	单位	性能指标
1	憎水膨胀珍珠岩板	表观密度	kg/m³	200～350
		堆密度		—
2	硬质聚氨酯泡沫塑料	表观密度	kg/m³	≥30
		堆密度	kg/m³	0.027
3	聚苯乙烯泡沫塑料板	表观密度	kg/m³	20～22
		堆密度		—
4	挤塑聚苯乙烯泡沫塑料板	表观密度	kg/m³	32～38
		堆密度		—
5	蒸压加气混凝土块	表观密度	kg/m³	500
		堆密度	kg/m³	—
6	泡沫玻璃板	表观密度	kg/m³	≥150
		堆密度		—
7	膨胀蛭石	堆密度	kg/m³	<300
8	松散膨胀珍珠岩	堆密度	kg/m³	120
9	挤塑聚苯乙烯夹芯板	表观密度	kg/m²	10～12

3 屋面保温材料的强度和外观质量

表 7.2.2-3 保温层强度要求（MPa）

项号	项目	保温层材料	性能指标
1	块状保温材料	泡沫塑料类板材	≥0.1
2		微孔混凝土板材	≥0.1
3		膨胀蛭石类板材	≥0.1
4		膨胀珍珠岩类板材	≥0.1
5		泡沫玻璃板	≥0.5
6		聚苯乙烯泡沫板	≥0.1
7		挤塑聚苯乙烯夹芯板	0.15～0.50
8	整体现浇保温层	水泥膨胀蛭石保温层	≥0.2
9		沥青膨胀蛭石保温层	≥0.2
10		水泥膨胀珍珠岩保温层	≥0.2
11		沥青膨胀珍珠岩保温层	≥0.2

7.3 施工技术要点

7.3.1 平屋面保温屋面

施工顺序基本是先在结构层上铺隔汽层，再铺保温隔热层（保温隔热材料），然后铺设防水层，最后做保护层。

平屋面构造比较复杂，各构造层的施工质量直接影响平屋面保温节能性能，因此平屋面屋面工程施工时严格控制各构造层施工工艺及工序衔接，在每层施工完毕验收合格后才可进入下一构造层施工。

松散的保温材料，分层铺设，压实适当，表面平整，找坡正确；板状保温材料，施工时要紧贴基层，铺平垫稳，找坡正确，上下层错缝并嵌填密实。

保温层施工完成后，注意成品保护，在已铺好的松散、板状或整体保温层上不得直接行走、运输小车，行走线路应铺垫脚手板。

保温层完成后及时铺抹水泥砂浆找平层，以减少受潮和进水，尤其在雨期施工，更要及时采取防雨措施，不能及时进行找平层施工时应做好覆盖。

7.3.2 倒置式屋面

倒置式屋面属于外保温屋面，是将传统屋面构造中的保温层与防水层颠倒，把防水层放在最下边，保温层放在防水层的上面。

倒置式屋面施工第一个重点是防水层施工质量，防水层宜采用两种防水材料复合使用（屋面坡度宜优先采用3%结构起坡；当采用材料找坡时，坡度为2%），防水层完工后应按规定进行检查，包括48h蓄水试验不产生渗漏，且无积水、无质量缺陷，表面平整、坡度符合设计要求。经各项检查确认合格后，方可施工保温层。

倒置式屋面施工第二个重点就是保温层必须采用"憎水性"

保温材料，防止保温层内积水，严格按"憎水性"保温材料检验标准做好材料进场检测和复试，其构造做法是在防水层上铺设"憎水性"保温材料。

保温材料采用干铺或粘贴板状保温材料，也可采用现喷硬质聚氨酯泡沫塑料。板状保温材料铺放时各板块之间不宜挤紧，宜留宽约3～5mm的缝隙，在缝隙上贴胶带纸，以防止保护层的砂浆渗进缝内，铺放后应压重物，以防被风吹起。保温层在屋面周边靠女儿墙处设30mm缝隙，中间嵌填密封材料。整个保温层设置变形缝，间距为不大于6m，缝宽20mm，并嵌填密封材料。

倒置式屋面的保温层上面，采用块体材料、水泥砂浆或卵石做保护层；卵石保护层与保温层之间应铺设聚酯纤维无纺布或纤维织物进行隔离保护，见图7.3.2。

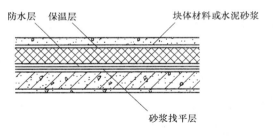

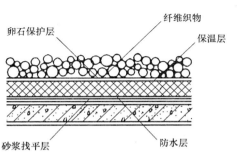

图7.3.2 保护层示意图

倒置式屋面的檐沟、水落口等部位，采用现浇混凝土或砖砌堵头，并做好排水处理。

7.3.3 架空隔热式屋面

1 架空屋面的适用条件

架空屋面是在屋面防水层上采用薄型制品架设一定高度的空间，起到隔热作用。利用架空层的空间，在空气流动中将热量带走，从而降低室内温度。所以架空屋面宜在通风较好的屋面工程上使用，不宜在寒冷地区使用。

2 架空高度的确定

架空层过小则隔热效果不显著，如果空气间层逐渐增大，则屋顶内表面温度逐渐降低，但增加到一定程度后，降温效果逐渐减缓。所以空气间层高度在100～300mm范围内较为合理。

3 架空屋面技术要点

1）架空层的高度应按照屋面宽度或坡度大小的变化确定。如设计无规定时，一般以180～300mm为宜，当屋面宽度大于10m时应设通风屋脊。

2）进风口应设置在炎热季节风向的正压区，出风口应设置在负压区。

4 非上人屋面的砌体强度等级不应低于MU7.5，上人屋面的砌体强度等级不应低于MU10；混凝土板的强度等级不应低于C20，板内加设钢丝网片。

5 架空层施工时，应先将屋面清扫干净，并应根据架空板的尺寸，在屋面上弹出支座中心线。

6 支座的布置应整齐划一，条形支座应沿纵向平直排列，点式支座应沿纵横向排列整齐，以确保通风顺畅无阻。

7 在支座底面的卷材、涂膜防水层上应采取加强措施。支座宜采用水泥砂浆砌筑。

8 架空板与山墙、女儿墙间应留出250mm宽的距离，以满足通风和清扫的要求。

9 铺设架空板时,应将灰浆刮平,随时清除屋面防水层上的落灰、杂物等,以减少空气流通时的阻力。

10 架空板的铺设应平整、稳固;缝隙宜用水泥砂浆或水泥混合砂浆嵌填,板内预留铅丝或铁片埋入砂浆,并应按设计要求留变形缝。

11 架空隔热层施工过程中,要做好已完工防水层的保护工作。

7.3.4 坡屋面

平屋面隔热效果不如坡屋面。坡屋面内置保温隔热材料,不仅可提高屋面的热工性能,还有可能提供新的使用空间(顶层面积可增加约60%),也有利于防水,并有检修维护费用低、耐久的优点。

坡屋面构造施工质量直接影响坡屋面保温隔热性能,需依次做好保温隔热层、防水层、保护层施工。应根据设计坡度做好相应施工措施,坡度较大屋面采取分段分块施工,以保证施工质量。

7.3.5 绿化(种植)式屋面

种植屋面分为覆土种植式屋面和无土种植式屋面两种,适用于现浇混凝土屋面板,倒置式屋面不得做种植屋面。覆土种植式屋面是在屋顶上覆盖种植土壤,厚度200mm左右,种植土厚度不得小于100mm,种植土有显著的隔热保温效果,但将增加屋面的荷载。无土种植式屋面是用水渣、蛭石等代替土壤作为种植层,不仅减轻屋面荷载,而且大大提高了屋面的隔热保温效果,降低了能源的消耗。

1 种植屋面的关键是防水。种植屋面长期在有水状态下或潮湿的状态下工作,应采用两道或两道以上防水设防;防水层的合理使用年限不应少于15年;防水层的材料应相容。防水工程竣工后,平屋面应进行48h蓄水检验,坡屋面应进行持续3h淋水检验。

2 根系阻挡层施工是种植屋面施工重点,施工时需严格控制，由于植物根系对防水层的穿刺力很强，防水层的上道防水层应是耐根穿刺防水层，防止植物根系对防水保温层产生破坏。

3 种植屋面基本构造层次：植被层、种植土、过滤层、排（蓄）水层、保护层、耐根穿刺防水层、普通防水层、找平层（找坡层）、保温层、结构层。种植屋面构造层次应考虑功能的需要，因地制宜，由设计单位选择确定。

另一种屋顶绿化采用排水蓄水隔根板（又称屋顶绿化隔板），具备蓄存水分湿润植根、（架空）二层排水道，排除雨期积水、架空透气、保温隔热和隔断植根等主要功能。施工时重点做好材料选择，满足功能需求。

种植屋面防水和保温所采用的材料应符合《种植屋面工程技术规程》JGJ 155 的要求。

7.3.6 蓄水式屋面

蓄水屋面是在混凝土刚性防水层上蓄水，既可利用水层隔热降温，又改善了混凝土的使用条件，避免了直接暴晒和冰雪雨水引起的急剧伸缩；混凝土长期浸泡在水中有利于混凝土后期强度的增长；又由于混凝土中的成分在水中继续水化产生湿涨，因而水中的混凝土有更好的防渗性能。同时蓄水的蒸发和流动能及时地将热量带走，减缓了整个屋面的温度变化。

蓄水屋面有普通蓄水和深蓄水屋面之分。普通蓄水屋面需定期向屋顶供水，以维持一定的水面高度。深蓄水屋面可利用降雨量来补偿水面的蒸发，基本上不需要人为供水。一般水深不超过400mm，常见为150～200mm 较适宜，否则将增加屋面静荷载使结构设计的难度加大。

蓄水屋面除增加结构的荷载外，如果其防水处理不当，非常容易引起漏水、渗水，因此蓄水屋面施工侧重点是防水施工质量控制。

蓄水屋面的刚性防水层完工后，应及时养护，养护时间不得少于14 天，蓄水后不得断水。

7.3.7 隔汽层

屋面隔汽层主要用于隔绝水蒸气向屋面或墙体内部渗透。在屋面保温层下做一层隔汽层，可防止冬季因室内温度高、屋顶温度低时水蒸气向屋面内部迁移渗透，确保保温层内部干燥，从而保持屋面（和墙体）良好的保温隔热性能，减少空调电耗，并保证质量（避免保温层湿胀）、防水层起鼓等。

隔汽层可采用冷底子油，热玛蹄脂作为基层处理剂，隔汽层材料采用防水卷材、防水涂料，材料的配制要严格按照标准进行。隔汽层铺设前，应将基层表面的砂粒、硬块等杂物清扫干净，防止铺贴时损伤油毡。

隔汽层涂刷时，不能只涂刷平面，注意在屋面与墙面连接处要向上涂刷，高出保温层上表面应不小于150mm。

7.3.8 采光屋面

采光屋面的各种材料的传热系数、遮阳系数、可见光透射比、气密性从选材到施工要充分满足设计要求，保证安装时部件牢固稳定，排水坡度正确，采光板搭接紧密，尤其是需防水部位要封闭严密，嵌缝处不产生渗漏。

7.3.9 内保温层防潮

当坡屋面、内架空屋面的保温层敷设于屋面内侧时，如果保温层未进行密闭防潮处理，室内空气中湿气将渗入保温层，并在保温层与屋面基层之间结露，这不仅增大了保温导热系数，降低节能效果，受潮之后还容易产生细菌，最严重的可能会有水溢出，因此施工期间必须对屋面内侧保温材料采取有效防潮措施，使之与室内的空气隔绝，同时做好表面保护层施工，不影响日后的保温效果及使用功能。

7.3.10 金属板保温夹芯屋面

在满足规范要求铺装牢固、接口严密、表面洁净、坡向正确的基础上应同时符合下列要求：

屋面各类节点构造部位施工期间充分做好相应保温措施，避免产生热桥。

填充材料或芯材应主要采用岩棉、超细玻璃棉、聚氨酯、聚苯板等绝热材料。

聚氨酯及聚苯板等绝热材料防火性能较差，施工时应充分考虑满足防火要求。

7.4 检 测

7.4.1 用于屋面节能工程的保温隔热材料的检测

1　保温隔热材料进场时按进场批次，每批随机抽取3个试样进行检查，采用观察、尺量检查的方法进行检查；质量证明文件应按照其出厂检验批进行核查。

2　所有保温隔热材料，进场时对其导热系数、密度、抗压强度或压缩强度、燃烧性能进行复验，复验采用见证取样方式送检。

3　保温隔热材料的导热系数、密度、抗压强度或压缩强度、燃烧性能应符合设计要求。

7.4.2 检查采光屋面的传热系数、遮阳系数、可见光透射比、气密性应符合设计要求。

7.4.3 检测依据

《绝热材料稳态热阻及有关特性的测定防护热板》GB/T 10294

《绝热材料稳态热阻及有关特性测定（热流计法）》GB/T 10295

《泡沫塑料及橡胶表观密度的测定》GB/T 6343

《硬质泡沫塑料压缩性能的测定》GB/T 8813

《建筑材料及制品燃烧性能分级》GB 8624

《建筑材料难燃性试验方法》GB/T 8625

《无机硬质绝热制品试验方法》GB/T 5486，该标准中规定了无机硬质绝热制品几何尺寸、外观质量、抗压强度、密度、吸水率、含水率、均温灼烧性能等项目的试验方法。

8 地面与楼面节能工程

8.1 一般规定

8.1.1 本章适用于采暖空调房间接触土壤的地面、毗邻不采暖空调房间的楼地面、采暖地下室与土壤接触的外墙、不采暖地下室上的楼板、不采暖车库上的楼板、接触室外空气或外挑楼板的地面与楼面节能工程施工。

8.1.2 建筑地面与楼面保温或隔热工程施工控制与验收应符合《建筑节能工程施工质量验收规范》GB 50411 和《建筑地面工程施工质量验收规范》GB 50209 等现行国家规范的有关规定。

8.1.3 不同类型采暖建筑楼地面的构造做法及面层、填充层、隔离层、找平层、垫层材料的热工性能应符合设计要求。

8.1.4 施工单位应对地面与楼面节能关键节点设计详图进行核查、确认。由施工单位完成的深化设计节点和系统供应商提供的二次设计详图应交设计单位审查、认可。

8.1.5 节能工程施工前应编制包含楼地面节能施工内容的施工方案,并经审批后实施。方案实施前应对施工人员进行技术交底,施工过程中技术人员做好技术复核记录。

8.1.6 地面与楼面节能工程施工应在主体结构或基层质量验收合格后进行。基层的处理应符合设计要求及施工工艺要求。对既有建筑地面与楼面进行节能改造施工前,应对基层进行处理并达到施工工艺要求。

8.2 材 料

8.2.1 用于地面与楼面节能工程的保温、隔热材料的厚度、密度和导热系数必须符合设计要求和有关标准规定，各种保温板和保温层的厚度不得有负偏差。

8.2.2 填充层为建筑地面节能工程的控制重点，可采用松散、板块、整体保温材料和吸声材料等铺设而成。建筑地面常用保温隔热材料有：

1 松散保温材料：包括膨胀蛭石、膨胀珍珠岩等以散装颗粒组成的材料。

2 整体保温材料：指用松散保温材料和水泥等胶凝材料按设计配合比拌制、浇筑，经固化而形成的整体保温材料。整体保温材料可采用国家有关规定的膨胀蛭石、膨胀珍珠岩等松散保温材料，以水泥为胶结材料或和轻骨料混凝土等拌合铺设。

3 板状保温材料：指用水泥、沥青或其他有机胶结材料与松散保温材料，按一定比例拌合加工而成的板状制品，如水泥膨胀珍珠岩板、水泥膨胀蛭石板、沥青膨胀珍珠岩板、沥青膨胀蛭石板等。此外，还有聚苯乙烯泡沫塑料板、硬质聚氨酯泡沫塑料、加气混凝土板、泡沫玻璃、矿物棉板、微孔混凝土等。

8.2.3 低温热水地板辐射采暖系统中的绝热板材宜采用聚苯乙烯泡沫板，其物理性能应符合现行有关规范或标准的要求。

地面辐射供暖专用管的性能及参数要求详见第 9 章采暖节能工程。

8.2.4 无机喷涂材料

无机喷涂施工所用材料主要有：喷涂棉、喷涂胶粘剂。

喷涂棉质量要求符合现行的国家建材行业标准《矿物棉喷涂绝热层》JC/T 909 和国家标准《绝热用玻璃棉及其制品》GB/T 13350 中的相关要求。喷涂胶粘剂质量应符合《矿物棉喷涂绝热层》JC/T 909 标准，干燥固化后形成的胶膜粘结牢固、成型后不得有开裂、脱落等缺陷。对基体无腐蚀、不霉变。应符合国家强制性标准《室内装饰装修材料胶粘剂中有害物质限量》GB/T 18583 中对水基型胶粘剂的要求。喷涂胶粘剂对喷涂基体应无腐蚀，其耐腐蚀性应符合《陶瓷试验方法》GB/T 3810 标准的要求。

8.3 施工技术要点

常见楼地面做法主要有：混凝土楼地面、水泥砂浆楼地面、水磨石楼地面、地砖楼地面、石材楼地面、活动地板楼地面、地毯楼地面、各类木地板楼地面、竹板楼地面、预应力复合楼板（夹芯保温楼板）、喷涂无机纤维保温材料楼板、低温辐射采暖地板等。

楼地面保温节能主要是依靠其构造做法中的保温层（或填充层）起节能作用。

8.3.1 节能楼地面构造做法

建筑楼地面构造做法的热工性能必须经过设计计算，符合《民用建筑热工设计规范》GB 50176、《民用建筑节能设计标准（采暖居住建筑部分）》JGJ 26 等有关要求。常见的节能楼地面做法及其热工性能参数见表 8.3.1-1、表 8.3.1-2、表 8.3.1-3、表 8.3.1-4、表 8.3.1-5。

8.3.2 楼地面节能工程

建筑地面构造做法通常包括面层和基层，基层包括：填充层、隔离层、找平层、垫层和基土等。

填充层是在建筑地面上主要起保温节能、隔声作用的构造层。常见典型楼地面节能施工中，主要利用填充层作建筑楼地面的保温隔热层。

1 工艺流程

1) 松散保温材料铺设填充层的工艺流程

清理基层表面→抄平、弹线→管根、地漏局部处理及预埋件管线→分层铺设散状保温材料、压实→质量检查验收

2) 整体保温材料铺设填充层的工艺流程

清理基层表面→抄平、弹线→管根、地漏局部处理及预埋件

表 8.3.1-1 常见典型节能楼地面构造做法的热工性能参数（一）

简图	基本构造	厚度 δ (mm)	干密度 ρ_0 (kg/m³)	导热系数 λ [W/(m·K)]	修正系数 α	传热阻 R_0 [(m²·K)/W]	传热系数 K [W/(m²·K)]
	1 实木地板	12	700	0.17	1.0		
	2 细木工板	15	300	0.093	1.0		
	3 木格栅 30×40	40	500	0.14	1.0	0.72	1.39
	4 水泥砂浆	20	1800	0.93	1.0		
	5 现浇钢筋混凝土板	100	2500	1.74	1.0		
	1 实木地板	18	700	0.17	1.3		
	2 矿（岩）棉或玻璃棉板	30	100	0.14	1.0		
	3 木格栅 30×40	40	500	0.14	1.0	0.92	1.09
	4 水泥砂浆	20	1800	0.93	1.0		
	5 现浇钢筋混凝土板	100	2500	1.74	1.0		

表8.3.1-2 常见典型节能楼地面构造做法的热工性能参数（二）

简图	基本构造	厚度 δ (mm)	干密度 ρ₀ (kg/m³)	导热系数 λ [W/(m·K)]	修正系数 α	传热阻 R₀ [(m²·K)/W]	传热系数 K [W/(m²·K)]
1 2 3 4 5	1 水泥砂浆找平层	20	1800	0.93	1.0		
	2 上保温层	—	—	—	—		
	1)高强度珍珠岩板	40	400	0.12	1.3	0.67	1.49
	2)乳化沥青珍珠岩板	40	400	0.12	1.3	0.67	1.49
	3)复合硅酸盐板	30	192	0.06	1.3	0.71	1.41
	3 水泥砂浆找平及粘结层	20	1800	0.93	1.0		
	4 现浇混凝土楼板	120	2500	1.74	1.0		
	5 保温砂浆抹灰	20	600	0.15	1.0		
1 2 3 4 5	1 地砖	10	1800	1.99	1.0		
	2 砂浆结合层	5	1800	0.93	1.0	0.21	4.76
	3 干拌砂浆找平层	20	1800	0.93	1.0		
	4 CL7.5轻集料混凝土垫层	60	1300	0.57	1.0		
	5 钢筋混凝土楼板	120	2500	1.74	1.0		

表8.3.1-3 常见典型节能楼地面构造做法的热工性能参数（三）

简图	基本构造	厚度δ (mm)	干密度ρ₀ (kg/m³)	导热系数λ[W/(m·K)]	修正系数a	传热阻R₀[(m²·K)/W]	传热系数K[W/(m²·K)]
	1 石材	—	—	—	—		
	1）大理石	20	2800	2.91	1.0	0.586	1.71
	2）花岗石	20	2800	3.49	1.0	0.585	1.71
	2 水泥砂浆找平层	20	1800	0.93	1.0		
	3 高强度珍珠岩板	40	400	0.12	1.3		
	4 水泥砂浆找平及粘结层	20	1800	0.93	1.0		
	5 现浇混凝土楼板	120	2500	1.74	1.0		
	6 保温砂浆抹灰	20	600	0.15	1.0		
	1 C20细石混凝土	30	2300	1.51	1.0	0.55	1.82
	2 现浇钢筋混凝土板	100	2500	1.71	1.0		
	3 聚苯颗粒保温浆料	20	230	0.06	1.3		
	4 抗裂石膏（网格布）	5	1800	0.93	1.0		
	5 柔性腻子	—	—	—	—		

表 8.3.1-4 非典型楼地面构造做法的热工性能参数（一）

简图	基本构造	厚δ(mm)	干密度ρ₀(kg/m³)	导热系数λ[W/(m·K)]	修正系数α	传热阻R₀[(m²·K)/W]	传热系数K[W/(m²·K)]
非预应力筋 预应力筋 预应力复合楼板 聚苯板	1 楼面做法按建筑设计	/	/	/	/	0.50~0.58	1.70~1.79
	2 钢筋混凝土板	按设计	2500	1.74	1.0		
	3 聚苯板填充	按设计	25	0.040	1.0		
	4 保温砂浆抹灰	20	600	0.15	1.0		

数据来源：《民用建筑热工设计规范》GB 50176

表 8.3.1-5 低温（水媒）辐射采暖地板的热工性能参数（二）

简图	基本构造	厚δ(mm)	干密度ρ₀(kg/m³)	导热系数λ[W/(m·K)]	传热阻R₀[(m²·K)/W]	传热系数K[W/(m²·K)]
回旋式埋管	1 水泥砂浆找平层	20	1800	0.93	0.67	1.49
	2 钢筋网C15细石混凝土	40	2500	1.74		
	3 埋于混凝土中循环加热管	—	—	—		
	4 聚苯板(EPS)	30	25	0.06		
	5 防水层	4				
	6 水泥砂浆找平层	20	1800	0.93		
	7 钢筋混凝土板	120	2500	1.74		
	8 水泥砂浆抹灰层	20	1800	0.93		

数据来源：北京市土木建筑学会等编《建筑节能工程施工技术》

管线→按配合比拌制保温材料→分层浇筑压实→质量检查验收

3）板状保温材料铺设填充层的工艺流程

清理基层表面→抄平、弹线→管根、地漏局部处理及预埋件管线→干铺或粘贴板状保温材料→分层铺设、压实→质量检查验收

2 施工技术要点

1）松散保温材料铺设填充层

（1）检查材料的质量，其表观密度、导热系数、粒径。

（2）清理基层表面，弹出标高线。

（3）地漏、管根局部用砂浆或细石混凝土处理好，暗敷管线安装完毕。

（4）松散材料铺设前，预埋间距800～1000mm木龙骨（防腐处理）、半砖矮隔断或抹水泥砂浆矮隔断一条，高度符合填充层设计厚度要求，控制填充层厚度。

（5）虚铺厚度不宜大于150mm，应根据其设计厚度确定需要铺设的层数。分层铺设保温材料，每层均应铺平压实，压实采用压滚和木夯，填充层表面应平整。

2）整体保温材料铺设填充层

（1）所有材料质量应符合本节规定，水泥、沥青等胶结材料应符合国家有关标准的规定。

（2）按设计要求的配合比拌制整体保温材料。

（3）水泥、沥青膨胀珍珠岩、膨胀蛭石应采用人工搅拌，避免颗粒破碎，拌合均匀，随拌随铺。

（4）水泥为胶结材料时，应将水泥制成水泥浆后，边拨边搅。当以热沥青为胶结材料时，沥青加热温度不应高于240℃，使用温度不宜低于190℃；膨胀珍珠岩、膨胀蛭石的余热温度宜为100～120℃，拌合时以色泽一致，无沥青团为宜。

（5）铺设时应分层夯实，其虚铺厚度与压实程度通过试验确定，拍实抹平至设计厚度后宜立即铺设找平层。

3）板状保温材料铺设填充层

(1) 所有材料应符合设计要求，水泥、沥青等胶结材料应符合国家有关标准的规定。

(2) 板状保温材料应分层错缝铺贴，每层应采用同一厚度的板块，厚度应符合设计要求。

(3) 粘贴的板状材料，应贴严、铺平。

(4) 板状保温材料不应破碎、缺棱掉角，铺设时遇有缺棱掉角、破碎不齐的，应锯平拼接使用。

(5) 干铺板状保温材料时，应紧靠基层表面，铺平、垫稳，分层铺设时，上下接缝应相互错开。

(6) 用沥青粘贴板状保温材料时，应边刷、边贴、边压实，务必使沥青饱满，防止板块翘曲。

(7) 用水泥砂浆粘贴板状保温材料时，板缝间应用保温砂浆填实并勾缝。保温砂浆配合比一般为体积比 1∶1∶10（水泥∶石灰膏∶同类保温材料碎粒）。

4）不得在已铺完的松保温层上行走、运输小车和堆放重物。

5）保温隔热层允许偏差见表 8.3.2。

表 8.3.2 保温隔热层允许偏差

项次	项	目	允 许 偏 差	检验方法
1	厚度	松散材料	$-5\delta/100 \sim +10\delta/100$	钢针插入、尺量
		板状材料	$+10\delta/100$ 且不大于 4mm	
2	相邻板材高低差		3mm	直尺、楔形塞尺量

说明：δ 为保温层厚度，单位 mm

8.3.3 预应力复合楼板

预应力复合楼板一般厚 200～300mm，中间填充聚苯乙烯泡沫塑料板块，板内按设计要求布置预应力钢筋及钢绞线，通常预应力复合板上下板厚为 50mm。通过在楼板中填充聚苯板提高楼板的保温隔热性能。预应力复合楼板构造见图 8.3.3-1。

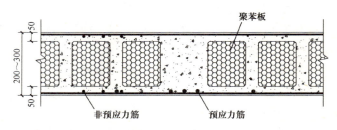

图 8.3.3-1 预应力复合楼板构造示意图

1 工艺流程

施工准备→梁、板模板支设→非预应力下层钢筋铺放、绑扎→无粘结预应力筋铺放、端部节点安装→聚苯板块的安装和固定→聚苯板的抗浮处理→机电安装管线预埋→非预应力上层钢筋铺放、绑扎→无粘结预应力筋固定绑扎→隐检验收→混凝土浇筑及振捣→混凝土养护→预应力张拉→端部处理

2 施工技术要点

1) 聚苯板块的安装和固定

聚苯板块在预应力复合板下层钢筋绑扎完成后进行安装固定,通过上、下层钢丝网片将每 16 个（4×4）小聚苯块组成一个平面单元,运至作业层进行铺放,聚苯板块的支撑垫块绑扎在钢筋交叉点处。

2) 聚苯板的抗浮处理措施

为防止聚苯板在浇筑混凝土时上浮,当安放好聚苯单元、绑扎好板上铁及分布筋后,在主肋部位的底模上打 8mm 孔,并用 10 号铅丝将聚苯板单元块模板下的木方或脚手架绑牢。

3) 聚苯单元与机电预埋管线相交处的处理措施

空心板施工时,有聚苯单元处的的电管应尽量横平竖直铺放,应尽量走主肋内,如无法实施,在局部可采用较小的聚苯单元过渡,也可现场切断聚苯单元,给电管留一个通道,但聚苯单元断口必须按标准封堵严实。

4) 混凝土浇筑及振捣

为防止聚苯板块的上浮，预应力复合板的混凝土采用自密实细石混凝土，宜分两层进行浇筑，第二层混凝土在第一层混凝土初凝前浇筑完成。混凝土浇筑见图8.3.3-2。

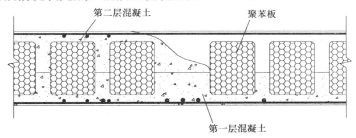

图 8.3.3-2 预应力复合楼板混凝土浇筑示意图

混凝土塌落度宜控制在180～200mm，也可采用自密实混凝土浇筑，自密实细石混凝土浇筑过程中利用ϕ30mm振捣棒辅助振捣，板面上部可采用平板振动器进行振捣。

8.3.4 无机纤维喷涂施工技术

无机纤维喷涂适用于建筑物中分隔采暖区与非采暖区的楼板底部或隔墙的防火保温、地下车库顶板底的保温吸声、压型钢板屋面板底面及墙面内侧的保温吸声和防火、圆形及拱形屋顶底面的保温吸声等。

1 工艺流程

机具及材料准备→基层处理→预喷胶粘剂→纤维喷涂层施工→表面进行整形（或局部进行修补）处理→喷涂层表面喷胶进行处理→按设计要求进行着色处理→质量验收

2 施工技术要点

1) 基层处理

要求基层表面清洁、无污染、无锈迹、无开裂。如表面有污染时用压缩空气或清水清理基面灰尘和污垢，对严重油污处，应采取溶剂清理干净。如原基层有破坏或有严重裂缝，应先进行修补。基层处理后经验收合格方可进行下道工序施工。

2）预喷胶粘剂

基层表面处理验收合格后，在喷涂棉和胶粘剂混合喷涂之前，应使用已配好的喷涂胶粘剂预喷基层表面，胶量应适当和均匀，不流淌。

3）纤维喷涂施工

纤维喷涂层施工时应严格按照设备操作说明书对喷涂设备进行调试，通过样板试喷涂施工，调整风压范围和进料搅拌速度，达到纤维喷涂状态稳定。

喷涂作业面积较大时应分区设置厚度标尺进行控制。喷涂时喷枪距离基层面在400～600mm。喷涂厚度小于100mm时可以一次喷涂完成。

4）表面整形处理

待喷涂产品表面干后（约半小时），用毛滚、铝锟或压板进行整形。

5）表面喷胶处理

在整形后的产品表面再次喷涂胶粘剂，喷涂产品完全干燥固化需要约24～36h（根据现场温度、湿度和厚度情况）。如设计要求表面着色，可在完成后的涂层面上喷涂色浆着色。

8.3.5 低温（水媒）辐射采暖地板

低温热水辐射采暖适用于新建的工业与民用建筑工程，以热水为加热热媒的楼地面辐射采暖工程的施工。

1 工艺流程

基层清理→绝热保温层→铺设防潮铝箔层→铺设加热盘管并固定（期间加热盘管试验）→铺设钢丝加强网→盘管冲洗和水压试验→细石混凝土填充层（期间安装分集水器并与供回水干管连接）→系统水压试验→抹找平层铺设地面材料

2 施工技术要点

加热管的安装详见第9章采暖节能工程。

1）混凝土填充层施工

（1）混凝土填充层施工应在所有伸缩缝安装、加热管安装、水压试验合格、温控器的安装盒布置等完毕，加热管处于有压状态且通过隐蔽验收后进行。

（2）混凝土填充层施工中，加热管内的水压不应低于0.6MPa；填充层养护过程中，系统水压不应低于0.4MPa。

（3）混凝土填充层施工中，严禁使用机械振捣设备；施工人员应穿软底鞋，采用平头铁锹。

（4）在加热管的铺设区内，严禁穿凿、钻孔或进行射钉作业。

（5）初始加热前，混凝土填充层的养护期不应少于21d。施工中，应对地面采取保护措施，不得在地面上加以重载、高温烘烤、直接放置高温物体和高温加热设备。

（6）填充层施工技术要求及允许偏差：

骨料：$\Phi \leqslant 12$mm，允许偏差-2mm；

厚度不宜小于50mm，允许偏差± 4mm；

当面积大于30m² 或长度大于6m时，留8mm伸缩缝，允许偏差$+2$mm；

与内外墙、柱等垂直部件，留10mm伸缩缝，允许偏差$+2$mm。

（7）混凝土填充层浇捣和养护过程中试压临时管路暂不拆除，并将系统内压力保持在0.6MPa。

（8）混凝土填充层应设置以下热膨胀补偿构造措施：

辐射采暖地板面积大于30m² 或长边超过6m时，填充层应设置间距不大于6m、宽度不小于5mm的伸缩缝，缝中填充弹性膨胀材料；与墙、柱的交接处，应填充厚度不小于10mm的软质闭孔泡沫塑料；加热管穿越伸缩缝处，应设长度不小于100mm的柔性套管。

8.4 检 测

8.4.1 楼地面节能工程施工一般只进行节能现场质量检测，若存在下列情况还应进行热工性能检测：

1 设计图纸、合同文件或其他方面有明确要求的。

2 楼地面节能施工质量现场检测达不到质量要求的。

3 对已施工完的楼地面节能工程热工性能有怀疑或争议的。

8.4.2 楼地面节能质量检测内容包括组成材料的进场复试和节能保温系统的性能检测。

1 楼地面节能材料进场复试项目有：

1）松散保温材料的导热系数、干密度和阻燃性。

2）板材、块材及现浇等保温材料的导热系数、密度、压缩强度、阻燃性。

2 楼地面节能保温系统的性能检测有：抗冲击性、吸水量、热阻、面层透水性、系统耐候性。

8.4.3 楼地面热工性能检测项目有：热工缺陷检测、传热系数检测。

8.4.4 无机纤维喷涂层厚度应符合设计要求，检测方法为针刺测定法，采用探针和钢尺进行检测。

1 喷涂层厚度针刺测定方法：

测量尺（厚度测量仪）由刻度标尺针杆、探针和可滑动的尺标组成，端部平面保持与针杆垂直，并确保完全接触被测喷涂层的表面。

测量时，将测厚探针推出（长度应大于设计喷涂厚度），垂直插入喷涂层直到基层表面，随后轻轻推动标尺尺身，直到测量尺端部平面接触到喷涂纤维层表面为止，读取和记录标尺读数，即为实际喷涂层厚度。

2 具体方法为：

在喷涂层上随机选择抽检部位，划定边长为100mm的正方形，采用探针分别测定四角和中心处的喷涂层厚度。

检验批各处所抽检的厚度值，采用算术平均法进行计算，得出各检验批厚度的总平均值。

9 采暖节能工程

9.1 一般规定

9.1.1 本章适用于热水温度不超过 95℃ 的室内集中采暖系统节能工程的施工。

9.1.2 采暖节能工程的施工,除应符合《建筑节能工程施工质量验收规范》GB 50411 和《建筑给水排水及采暖工程施工质量验收规范》GB 50242 的有关规定外,还应按照批准的设计图纸的内容和相关技术规范和标准进行。

9.1.3 采暖工程施工方案应包含节能方面的有关内容,包括设备、材料的质量指标,复验要求,施工工艺,系统检测,质量验收要求等。

9.1.4 采暖工程施工前,应做好下列技术准备工作:

1 所有安装项目的设计图纸已具备,并且已经过图纸会审和设计交底。

2 编制施工方案,并获得批准。

3 施工技术人员向班组做了图纸和施工技术交底、安全技术交底、节能技术交底。

4 按设计图纸画出管路的位置、管径、变径、预留口、坡向、卡架位置等施工草图,包括干管起点、末端和拐弯、节点、预留口、坐标位置等。

9.2 材料与设备

9.2.1 散热设备、阀门、仪表、管材、保温材料等产品进场时,应按设计要求对其类型、材质、规格及外观等进行验收,并应经监理工程师（建设单位代表）检查认可，且应形成相应的验收记录。各种产品和设备的质量证明文件和相关技术资料应齐全，并应符合国家现行有关标准和规定。

9.2.2 散热器应有产品合格证，进场时应对其单位散热量、金属热强度进行复验，复验应为见证取样送检。

  1 铸铁散热器应无砂眼、裂缝、对口面凹凸不平，无偏口和上下口中心距不一致等现象。翼型散热器翼片完好，钢串片的翼片不得松动、卷曲、碰损。组对用的密封垫片，可用耐热胶板或石棉橡胶板，垫片厚度不大于1mm，垫片外径不应大于密封面，且不宜用两层垫片。

  2 钢制、铝制合金散热器规格尺寸应正确，丝扣端正，表面光洁、油漆色泽均匀无碰撞凹陷，表面平整完好。

  3 散热器的组对零件：对丝、丝堵、补心、丝扣圆翼法兰盘、弯管、短丝、三通、弯头、活接头、螺栓螺母等应符合质量要求，无偏扣、方扣、乱丝、断扣，丝扣端正，松紧适宜。石棉橡胶垫以1mm厚为宜（不超过1.5mm厚），并符合使用压力要求。

  4 散热器安装其他材料：圆钢、拉条垫、托钩、固定卡、膨胀螺栓、钢管、放风阀、机油、铅油、麻丝及防锈漆的选用应符合产品质量和规范要求。

9.2.3 地板采暖所采用塑料管应符合设计要求，常用管材有交联聚乙烯塑料管（PE-X）、聚丁烯管（PB）、交联铝塑复合管（XPAP）、无规共聚聚丙烯管（PP-R）、嵌段共聚聚丙烯管（PP-B）、耐高温聚乙烯管（PE-RT）。

  1 加热管的质量应符合相应标准中的各项规定与要求。表面应有连续的生产厂家、标准的标识。

  2 加热管和管件的颜色、材质应一致，色泽均匀，无分解变色。分、集水器（含连接件等附件）的材质一般为黄铜。当黄铜件直接与PP-R或PP-B接触的表面必须镀镍。金属连接件的连接及过渡管件与金属连接件的连接采用专用管螺纹连接密封。

3 采用的聚苯乙烯泡沫塑料板材,其质量应符合《绝热用模塑聚苯乙烯泡沫塑料》GB/T 10801.1 的规定。

9.3 施工技术要点

9.3.1 管道安装

1 工艺流程

安装准备→管道预制加工→卡架安装→干管安装→立管安装→支管安装

2 管道预制加工

1)金属管道切割应采用机械切割,严禁用电、气焊切割。切口表面应平整,无裂纹、凸凹、缩口等。

2)复合管截管宜采用锯床,不得采用砂轮切割。当采用手工锯截管时,其锯面应垂直于管轴心。

3 卡架安装

1)管支架的制作推荐采用华北地区建筑设计标准化办公室编制的《建筑设备施工安装通用图集(暖气工程)》91SB1 有关内容。

2)支架安装应以设计标高为准,并按设计规定设置固定支架。

4 干管安装

1)干管安装应严格按设计要求施工,坡向、坡度满足设计要求。

2)采暖干管安装应从进户或分支路点开始。按图纸和技术交底的要求,画出施工草图,进行管段的加工预制。

3)干管与立管的连接应避免丁字连接。管道变径处应为上平;管道接口应距支架 100mm 以上;可拆卸配件应采用法兰;管道穿过墙壁、楼板或过沟处,必须安设套管。

4）干管布置在地沟、顶棚内和非采暖房间内的必须采取保温措施。保温管在滑动支架处，宜焊上滑托，滑托的反向偏位安装值与管道在该点的移伸量相同。

5 立管安装

1）立管与干管不应采用丁字连接，应煨乙字弯或用弯头连接形成自然补偿器，见图9.3.1-1、图9.3.1-2。

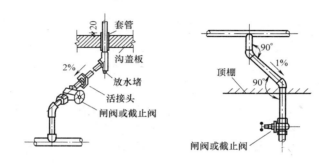

图9.3.1-1 立管与干管连接（2个弯头）（单位：mm）

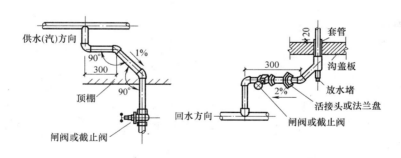

图9.3.1-2 立管与干管连接（3个弯头）（单位：mm）

2）立管穿楼板时，应吊好线以保证立管卡和预留套管在同一垂直线上。立管安装应留好支管接口，并计算出支管坡度所需要的高差。

6 支管安装

1）严格控制立管甩口和散热器接口的间距，测量出支管尺寸和等差弯的大小，以免影响立管的垂直度。立支管变径，不宜使用铸铁补心，应使用变径管箍。

2）支管长度超过 1.5m 时，应安装管卡。

9.3.2 阀件安装

1 减压阀安装

1）减压阀应按照设计要求和产品说明书进行安装，使阀后压力符合设计要求。减压阀前的管径应与阀体的直径一致，减压阀后的管径宜比阀前的管径大 1～2 号。

2）减压阀的阀体应垂直安装在水平管路上，阀体上的箭头必须与介质流向一致。减压阀两侧应安装阀门，采用法兰连接截止阀。

3）减压阀前应装有过滤器，对于带有均压管的薄膜式减压阀，其均压管应接往低压管道的一侧。

4）减压阀前、后均应安装压力表。

2 恒温阀安装

1）明装散热器恒温阀不应安装在狭小和封闭空间，其恒温阀阀头应水平安装，且不应被散热器、窗帘或其他障碍物遮挡。

2）暗装散热器的恒温阀应采用外置式温度传感器，并应安装在空气流通且能正确反映房间温度的位置上。

3 平衡阀、调节阀安装

平衡阀及调节阀型号、规格、公称压力及安装位置应符合设计要求。安装完毕后应根据系统平衡要求进行调试并作出标志。

调节阀安装在振动较小，便于操作、检修的地方，前泄水短路应接疏水装置排放凝结水。

4 安全阀安装

1）安全阀应安装在振动较小，便于检修的地方，且应垂直安装，不得倾斜。

2）与安全阀连接的管道应畅通，出口管道的公称直径应不小于安全阀连接口的公称直径，排出管应向上排至室外，离地面2.5m以上。

9.3.3 补偿器安装

热水管道应尽量利用自然弯补偿热伸缩量，直线管段过长应设置补偿器。补偿器的形式、规格和位置应符合设计要求，并按有关规定进行预拉伸。

1 方型补偿器安装

1）安装前应检查是否符合设计要求，补偿器的三个臂应在一个平面上。水平安装时应与管道坡度、坡向一致。当沿其臂长方向垂直安装时，高点应设放风阀，低点处应设疏水器。安装时调整支架，使补偿器位置标高、坡度符合规定。

2）应做好预拉伸，设计无要求时预拉伸长度为其伸长量的一半。

3）弯制补偿器应用整根无缝钢管煨制，如需要接口，其焊口位置应设在垂直臂的中间位置，且接口必须焊接。

2 套筒补偿器安装

1）套筒补偿器应靠近固定支架，并将外套管一端朝向管道的固定支架，内套管一端与产生热膨胀的管道连接。

2）套筒补偿器的预拉伸长度应根据设计要求。预拉伸时，先将补偿器的填料压盖松开，将内套管拉出预拉伸的长度，然后再将填料压盖紧住。填料应采用涂有石墨粉的石棉盘根或浸过机油的石棉绳，压盖的松紧程度在试运行时进行调整，以不漏水、不漏气，内套管又能伸缩自如为宜。

3）为保证补偿器的正常工作，安装时必须保证管道和补偿器中心线一致，并在补偿器内套管端设置1~2个导向滑动支架。

3 波纹补偿器安装

1）安装前不得拆卸补偿器上的拉杆，不得随意拧动拉杆螺母。

2）补偿器安装时，卡架不得吊在波节上。试压时不得超压，不允许侧向受力，将其固定牢固。

3）固定管架和导向管架的分布应符合：第一导向管架与补偿器端部的距离不超过 4 倍管径；第二导向架与第一导向架的距离不超过 14 倍管径；第二导向管架以外的最大导向间距由设计确定，见图 9.3.3。

图 9.3.3 装有波纹补偿器的管道支架（D 为管道直径）

9.3.4 温度调控装置安装

温度调控装置的安装位置和方向应符合设计要求，安装时要参照其说明书进行施工和调试。

9.3.5 热计量装置安装

1 热量表水平安装在进水管管道上。水流方向应与热量表箭头指示的方向一致。安装时热量表表头位置如果不便观察，可旋转表头至合适的位置。

2 测温球阀或测温三通必须安装在散热回路的回水管管道上。

3 系统管路在安装热量表前应进行清洗，以保证管道中无污染物和杂物。

4 流量传感器的方向不能接反，且前后管径要与流量计一致。

9.3.6 散热器安装

1 工艺流程

进场验收→单组水压试验→散热器安装→放气阀安装→支管安装→系统试压

2 单组水压试验

散热器进场后，应做水压试验。如设计无要求时，试验压力应为工作压力的 1.5 倍，但不得小于 0.6MPa。试验时间为 2～3min，压力不降且不渗不漏为合格。

3　散热器安装

1）散热器安装应控制散热器中心线与墙面的距离和与窗口中心线取齐；安装在同一层或同一房间的散热器，应安装在同一水平高度。

2）各种散热器的固定卡及托钩的型式、位置应符合标准图集或说明书的要求。各种散热器支架、托架数量，应符合设计或产品说明书要求。

4　放气阀安装

1）按设计要求，放汽孔向外倾斜45°。

2）钢制、铝制、钢板板式散热器的放气阀采用专用放气阀堵头，定货时提出要求。

3）圆翼型散热器放气阀安装，按设计要求在法兰上打放气阀孔眼。

9.3.7　金属辐射板安装

1　工艺流程

安装准备→模块组装→辐射板水压试验→铺设绝热层→支吊架安装→辐射板安装→支管安装→试压→防腐

2　模块组装

模块在地面上组装，模块之间采用卡压或螺扣固定。通过卡压或螺扣连接将集液管与吊顶辐射板模块连接在一起，将预先喷涂好的盖板卡压在辐射板的连接处。

3　辐射板水压试验

辐射板安装前必须作水压试验，如设计无要求时，试验压力为工作压力的 1.5 倍，但不得小于 0.6MPa。在试验压力下保持2～3min 压力不降且不渗不漏。

4　铺设绝热层

在辐射板上部铺设绝热层，根据组装好的辐射板的宽度切割绝热保温板平铺，并将绝热材料两侧固定于辐射板卷边内，接缝应严密。

5 辐射板安装

1）根据设计要求组装好带悬吊钢骨的辐射板。吊装辐射板可直接用固定组件悬吊，固定组件的样式根据辐射板悬吊的位置选用。

2）辐射板管道及带状辐射板之间的连接，应使用法兰连接。辐射板的送、回水管，不宜和辐射板安装在同高度上。送水管宜高于辐射板，回水管宜低于辐射板，并且有不小于5‰的坡度坡向回水管。

3）辐射板之间的连接应设置伸缩器，辐射板安装后不得低于最低安装高度。

4）辐射板在安装完毕应参与系统试压、冲洗。冲洗时应采取防止系统管道内杂质进入辐射板排管内的保护措施。

5）辐射板表面的防腐及涂漆应附着良好，无脱皮、起泡、流淌和漏涂缺陷。板面宜采用耐高温防腐蚀漆。

9.3.8 地板辐射供暖系统安装

本系统适用于热水温度不高于60℃，供回水温差不宜大于10℃，将加热管埋设在地板中的低温辐射采暖系统安装。低温热水地面辐射供暖系统的工作压力，不应大于0.8MPa；当建筑物高度超过50m时，宜竖向分区设置。

1 工艺流程

安装准备→清理基面→绝热层铺设→加热管安装→分水器、集水器的安装→冲洗、试压→填充层施工→试压→面层施工→检验、调试

2 加热管敷设前，应对照施工图纸核定加热管的选型、管径、壁厚，检查外观质量，管内部不得有杂质。

3 绝热层应铺设在平整的基层上，绝热层应铺设平整、对接严密。如敷有真空镀铝聚酯薄膜或玻璃布基铝箔贴面层时，除将加热管固定在绝热层上的塑料卡顶穿越外，不得有其他破损。

绝热层直接与土壤接触或有潮湿气体侵入的地面，在铺设绝热层之前应先铺一层防潮层。铺设在潮湿房间（如卫生间、厨房和游泳池等）内的楼板上时，填充层以上应做防水层。辐射采暖地板的基本构造见表9.3.8。

表9.3.8 辐射采暖地板基本构造表

序号	构造层名称			说　明
1	地面层			包括地面装饰层及其保护层
2	防水层	—	—	防水层	仅在楼层潮湿房间地面设（如厨房、卫生间等）
3	填充层			卵石混凝土
4	加热管			
5	隔热层			
6	防潮层		—	仅在地面层土壤上设
7	土壤		楼板	

4　加热管安装

1）同一热媒集配装置系统各分支路的加热管长度宜尽量接近，并不宜超过120m。不同房间和住宅的各主要房间，宜分别设置分支路。

2）按设计图纸的要求，进行放线并配管。同一通路的加热管应保持水平。加热管的间距，宜为100~300mm。距外墙内表面宜为100mm。应根据房间的热工特性和保证温度均匀的原则，分别采用旋转形、往复形或直列形等布管方式。

3）埋设于填充层内的加热管不应有接头。

4）弯曲管道时，圆弧的顶部应加以限制，并用管卡进行固定，不得出现"死折"；塑料及铝塑复合管的弯曲半径不应小于管外径的6倍，铜管的弯曲半径不应小于管外径的5倍。

5）在分水器、集水器附近以及其他局部加热管排列比较密集的部位,当管间距小于100mm时,加热管外部应采取设置柔性套管等措施。

6)加热管出地面至分水器、集水器连接处,弯管部分不宜露出地面装饰层。加热管出地面至分水器、集水器下部球阀接口之间的明装管段,外部应加装塑料套管。套管应高出装饰面150~200mm。

7)加热管与分水器、集水器连接,应采用卡套式、卡压式挤压夹紧连接;连接件材质宜为铜材;铜材连接件与PP-R或PP-B直接接触的表面必须镀镍。

8)加热管的环路布置不宜穿越填充层内的伸缩缝。必须穿越时,伸缩缝处应设长度不小于200mm的柔性套管。

9)当地面面积超过30m^2或边长超过6m时,应按不大于6m间距设置伸缩缝,缝宽不应小于8mm。在内外墙、柱等垂直构件交接处应留不间断的伸缩缝,伸缩缝填充材料应采用搭接方式连接,搭接宽度不应小于10mm;伸缩缝填充材料与墙、柱应有可靠的固定措施,与地面绝热层连接应紧密,伸缩缝宽度不宜小于10mm。伸缩缝宜采用高发泡聚乙烯泡沫塑料或内满填弹性膨胀膏。

5 分水器、集水器的安装

1)地板辐射采暖系统应有独立的分水器、集水器。水平安装时,宜将分水器安装在上,集水器安装在下,中心距宜为200mm,允许偏差为±10mm;集水器中心距地面不应小于300mm;垂直安装时,下端距地面不应小于150mm。

2)阀门、分水器、集水器组件安装前,应做强度和严密性试验。试验应在每批数量中抽查10%,且不得少于一个。对安装在分水器进口、集水器出口及旁通管上的阀门,应逐个做强度和严密性试验,合格后方可使用。

6 冲洗、试压

1)水压试验之前,应对试压管道和构件采取安全有效的固定和保护措施。

2) 在有冻结可能的情况下试压时，应采取防冻措施，试压完成后应及时将管内水排净。

3) 水压试验应在系统冲洗之后进行。冲洗应在分水器、集水器以外主供、回水管道冲洗合格后，再进行室内供暖系统的冲洗。

4) 水压试验应分别在浇捣混凝土填充层前和填充层养护期满后进行两次；水压试验应以每组分水器、集水器为单位，逐回路进行。试验压力应为工作压力的 1.5 倍，但不小于 0.6MPa。在试验压力下，稳压 1h，其压力降不应大于 0.05MPa。

7 调试、检验

1) 地面辐射供暖系统的运行调试，应在具备正常供暖的条件下进行。

2) 初次加热时，热水升温应平缓，水流速度不宜小于 0.25m/s。供水温度应控制在高于环境温度 10℃ 左右，且不应高于 32℃；并应连续运行 48h；以后每隔 24h 水温升高 3℃，直至达到设计供水温度。在此温度下应对每组分水器、集水器连接的加热管逐路进行调节，直至达到设计要求。

3) 地面辐射供暖系统的供暖效果，应以房间中央离地 1.5m 处干球温度计指示的温度，作为评价和检测的依据。

9.3.9 热力入口装置安装

1 热力入口小室的四壁和顶部，绝热性能良好。热水回水管上要加装平衡阀，阀前应装过滤器，避免杂质流回换热站。热力入口管道、阀门保温应符合设计和规范要求，接缝应严密，减少热量损失。

2 热力入口干管上的阀门均应在安装前进行水压试验。

3 室内采暖系统的管道冲洗一般以热力入口作为冲洗的排水口，具体的排水部位是尚未与外网联通的干管头，而不宜采用泄水阀作排水口。

4 热力入口安装的温度计和压力表，其规格应根据介质的工作最高和最低值来选择温度计，压力表则按系统在该点处的静压和动压之和来确定其量程范围。

9.3.10 保温工程

采暖管道保温层和防潮层的施工应符合下列规定：

1) 保温材料的强度、密度、导热系数、规格、防火性能和保温做法必须符合设计、防火要求和施工规范。

2) 管道保温层厚度应符合设计要求。

3) 保温层表面平整，做法正确，搭接方向合理，封口严密，无空鼓和松动。

4) 保温管壳的粘贴应牢固、铺设应平整；硬质或半硬质的保温管壳每节至少应用防腐金属丝或难腐织带或专用胶带进行捆扎或粘贴2道，其间距为300～350mm，且捆扎、粘贴应紧密，无滑动、松弛及断裂现象。

5) 硬质或半硬质保温管壳的拼接缝隙不应大于5mm，并用粘结材料勾缝填满；纵缝应错开，外层的水平接缝应设在侧下方。

6) 松散或软质保温材料应按规定的密度压缩其体积，疏密应均匀；毡类材料在管道上包扎时，搭接处不应有空隙。

7) 防潮层应紧密粘贴在保温层上，封闭良好，不得有虚粘、气泡、褶皱、裂缝等缺陷。

8) 防潮层的立管应由管道的低端向高端敷设，环向搭接缝应朝向低端；纵向搭接缝应位于管道的侧面，并顺水。

9) 卷材防潮层采用螺旋形缠绕的方式施工时，搭接宽度宜为30～50mm。

10) 阀门及法兰部位的保温层结构应严密，能单独拆卸并不得影响其操作功能。

9.4 运转与检测

9.4.1 运转

1 工艺流程

连接管路→检查采暖系统→试压→系统冲洗→系统调试

2 连接安装水压试验管路

1）根据水源的位置和工程系统情况制定出试压程序和技术措施，再测量出各连接管的尺寸，标注在连接图上。

2）一般选择在系统进户入口供水管的甩头处，连接至加压泵的管路。在试压管路的加压泵端和系统的末端安装压力表及表弯管。

3 灌水前的检查

1）检查全系统管路、设备、阀件、固定支架、套管等，必须安装无误。各类连接处均无遗漏。

2）根据全系统试压或分系统试压的实际情况，检查系统上各类阀门的开、关状态，不得漏检。试压管道阀门全打开，试验管段与非试验管段连接处应予以隔断。

3）检查试压用的压力表的灵敏度是否符合要求。

4 水压试验

试验压力应符合设计要求。当设计无规定时，应按《建筑给水排水及采暖工程施工质量验收规范》GB 50242 的相关规定执行。

5 采暖系统冲洗

1）系统试压合格后，应对系统进行冲洗并清扫过滤器及除污器。

2）采暖系统的冲洗时全系统内各类阀件应全部开启，并拆下除污器、自动排气阀等。

3）冲洗中，管路通畅，无堵塞现象，当排入下水道的冲洗水为清净水时可认为冲洗合格。全部冲洗后，再以流速 $1\sim1.5m/s$ 的速度进行全系统循环，延续 20h 以上，循环水色透明为合格。

6 采暖系统调试

1）系统冲洗完毕应充水，进行试运行和调试。

2）制定出通暖调试方案、人员分工和处理紧急情况的各项措施。

3）向系统内充水（以软化水为宜），在系统最高点设置排气阀，排尽系统中冷空气。

4）调整各个分路、立管、支管上的阀门，使其基本达到平衡。

5）高层建筑的采暖系统调试，可按设计系统的特点进行划分，按区域、独立系统、分若干层等逐段进行。

9.4.2 检测

1 联合试运转和调试结果应符合设计要求，采暖房间温度相对于设计温度不得低于2℃，且不高于1℃。

2 采暖系统安装调试完毕后，应请有资质的检测单位对采暖房间的温度进行检测。

10 通风与空调节能工程

10.1 一般规定

10.1.1 本章适用于通风与空调系统节能工程的施工。

10.1.2 通风与空调系统节能工程的施工，应符合《建筑节能工程施工质量验收规范》GB 50411 和《通风与空调工程施工质量验收规范》GB 50243 的有关规定外，还应按照批准的设计图纸、相关技术规范和标准进行。

10.1.3 通风与空调工程施工方案应包含节能设计要求的设备、材料的质量指标，复验要求，施工工艺，系统检测，质量验收要求等有关内容。

10.1.4 通风与空调工程施工前，应做好下列技术准备工作：

  1 熟悉图纸资料，理解掌握设计图中的节能设计内容，注意图纸和产品技术资料提出的对节能方面的具体参数与施工要求。

  2 进行图纸会审，对通风与空调设备的技术参数、空调水系统的制式、风管的材质及制作安装方式、空调水管的材质及连接方式、保温材料的材质及要求、各式阀门的选型及水力平衡装置、温控装置、计量装置、仪表等控制装置的设置及选型进行重点审查。

  3 根据设计图纸和有关规范及会审纪要编制施工方案。

  4 施工前进行技术交底，对节能工程的技术要求、技术标准和施工方法进行重点交底。

10.2 材料与设备

10.2.1 通风与空调工程使用的材料与设备必须符合设计要求及

国家有关标准的规定，严禁使用国家明令禁止使用与淘汰的产品。

10.2.2 通风与空调系统节能工程所使用的设备、管道、阀门、仪表、绝热材料等产品的进场验收，应遵守下列规定：

1 对材料和设备的类型、材质、规格、包装、外观等进行检查验收，并应经监理工程师（建设单位代表）确认，形成相应的验收记录。

2 对材料和设备的质量证明文件进行核查，并应经监理工程师（建设单位代表）确认，纳入工程技术档案。上述材料和设备均应有出厂合格证、中文说明书及相关性能检测报告；进口材料和设备应有商检报告。

3 对《建筑节能工程施工质量验收规范》GB 50411 第10.2.1条要求的材料和设备的技术性能参数进行核查（设计要求、铭牌、质量证明文件进行核对），并应经监理工程师（建设单位代表）确认，形成相应的验收记录。

4 绝热材料的材质、密度、规格和厚度应符合设计要求；绝热材料不得受潮；进场后，应对其导热系数、密度和吸水率进行复验。复验为见证取样送检，复验要求及数量见附录 A 节能工程试验项目与取样规定。

5 风机盘管进场，应对其供冷量、供热量、风量、出口静压、噪声及功率进行复验。复验为见证取样送检，复验要求及数量见附录 A 节能工程试验项目与取样规定。

10.2.3 风管材料及成品风管

1 风管的材料品种、规格、性能与厚度等应符合设计和《通风与空调工程施工质量验收规范》GB 50243 的有关规定。

2 成品风管的材质、厚度、尺寸偏差、管口平面度偏差等应符合设计和有关规范、标准的要求。

10.2.4 空调水管、阀门及附件

1 空调水管及阀门的材质、规格、型号、厚度及连接方式

等应符合设计和有关规范、标准的规定。

  2 焊接管件外径和壁厚应与管材匹配；丝扣管件应无偏扣、方扣、乱扣、断丝和角度不准确等缺陷；卡箍管件的规格、材质、外形尺寸应符合《沟槽式管接头》CJ/T 156 的规定；管道、阀件法兰密封面不得有毛刺及径向沟槽，带有凹凸面的法兰应能自然嵌合，凸面的高度不得小于凹槽的深度。

  3 阀件铸造规矩、开关灵活严密，无毛刺、裂纹。

  4 法兰垫片应质地柔韧，无老化变质或分层现象，表面不应有折损、皱纹等缺陷。

10.2.5 通风与空调设备

  1 各种设备的型号、规格、技术参数应符合设计要求。

  2 通风机及空调机组、风机盘管的风机应有性能检测报告，设计的运行工况点在性能曲线上的位置应接近最高效率点。

10.3 施工技术要点

10.3.1 风管系统

  1 施工工艺流程

  放线定位→风管制作、支吊架制作安装→风管排列→风管、部件、设备安装→严密性检验→风管保温→风口安装

  2 无法兰风管制作

  1) 金属风管制作的板材厚度见《通风与空调工程施工质量验收规范》GB 50243 第 4.2.1 条的表 4.2.1-1、表 4.2.1-2 和表 4.2.1-3。

  2) 无法兰风管的连接方法

  （1）抱箍式连接（主要用于圆形和螺旋形风管）

  （2）插接式连接（主要用于矩形和圆形风管）

  （3）插条式连接（主要用于矩形风管）

  （4）单立咬口连接（主要用于矩形和圆形风管）

3）无法兰圆形风管的连接

一般采用芯管连接形式，芯管有鼓形加强型和直管角钢加强型两种。鼓形加强型芯管的构造及不同圆形风管芯管的长度、自攻螺丝（或铆钉）个数、外径允许偏差见《通风与空调工程施工质量验收规范》GB 50243 第 4.3.3 条的表 4.3.3-3。

圆形风管无法兰连接形式见《通风与空调工程施工质量验收规范》GB 50243 第 4.3.3 条的表 4.3.3-1。

4）无法兰矩形风管的连接

见《通风与空调工程施工质量验收规范》GB 50243 第 4.3.3 条的表 4.3.3-2。

5）插条式连接

（1）插条的选用：当风管长边在 120～630mm 时，其长边宜采用 S 形插条，短边采用 U 形（或称 C 形）插条；当风管长边在 630～1000mm 时，其长边宜采用立筋 S 形插条，短边采用 U 形（或称 C 形）插条。

（2）插条的制作要求

采用 U 形（或称 C 形）插条连接的风管下料时，末端应考虑翻边量，一面要预留 100mm，并折成 180°翻边；插条两端制成带舌接头，并长出 20～40mm。详见图 10.3.1-1。

采用 S 形插条连接的风管下料时，长度要加 22mm 的 90°折边量和与上下风管边的 26mm 的重叠量。详见图 10.3.1-2。

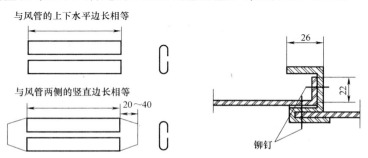

图 10.3.1-1　U 形（C 形）插条法兰　　图 10.3.1-2　S 形插条法兰连接

(3) 长边大于1000mm的风管不宜采用插条式连接。

6) 薄钢板法兰连接

(1) 薄钢板法兰连接为《通风与空调工程施工质量验收规范》GB 50243 第 4.3.3 条的表 4.3.3-2 中的薄钢板弹簧夹无法兰连接形式,该连接形式适用于长边不大于 1350mm 的中压矩形风管和长边不大于 1500mm 的低压矩形风管;长边大于 1350mm 且不大于 2000mm 的中压矩形风管如采用此连接形式,固定件应采用顶丝卡。

(2) 薄钢板法兰连接的风管、配件等制作,应严格执行国家建筑标准设计图集《薄钢板法兰风管制作与安装》07K133 的规定。

7) 无法兰连接的质量要求

(1) 风管的接口及连接件尺寸准确,形状规则,接口处严密。

(2) 薄钢板法兰的折边平直,弯曲度不大于 5/1000,弹簧夹、顶丝卡与薄钢板法兰匹配。

(3) 插条与风管插口的宽度一致,允许偏差为 2mm。

2 立咬口、包边立咬口立筋的高度应不小于同规格风管的角钢法兰宽度;同一规格风管的立咬口、包边立咬口的高度应一致;折角直线度的允许偏差为 5/1000。

8) 无法兰连接的密封

无法兰连接的风管一般采用密封胶密封,密封方式见图 10.3.1-3。

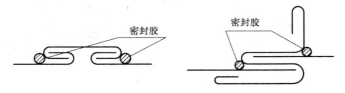

图 10.3.1-3 风管无法兰连接的密封示意图

3 角钢法兰连接金属风管制作

1）制作风管的板材厚度见《通风与空调工程施工质量验收规范》GB 50243 第 4.2.1 条的表 4.2.1-1、表 4.2.1-2 和表 4.2.1-3；圆形风管法兰及螺栓的规格见《通风与空调工程施工质量验收规范》GB 50243 第 4.2.6 条的表 4.2.6-1；矩形风管法兰及螺栓的规格见《通风与空调工程施工质量验收规范》GB 50243 第 4.2.6 条的表 4.2.6-2。

2）根据施工图纸和现场实测情况绘制风管加工图，板材的放样、下料要尺寸准确，切边平直。

3）风管与配件的制作：咬口紧密、宽度一致；折角平直、圆弧均匀；两端面平行；板材拼接的咬口缝要错开；无明显扭曲与翘角。

4）角钢法兰的制作：下料前测量已拼装的风管口径，调直角钢，在 12mm 以上的钢板上拼缝；法兰对角线允许偏差为 3mm；法兰平面度的允许偏差为 2mm。

5）风管与角钢法兰采用翻边铆接，翻边宽度不小于 6mm；翻边平整、宽度一致、紧贴法兰、牢固铆接。

6）中低压系统风管法兰的螺栓及铆钉孔的间距不大于 150mm，高压系统和洁净空调系统的风管不大于 100mm；矩形风管法兰的四角应设螺栓孔。

4 其他风管配件的制作

1）沿垂直方向连接主管道的支风管，在连接处宜顺气流侧单边采用 45°斜角。

2）风管的变径应做成渐扩或渐缩形，其每边扩大收缩角度不宜大于 30°。

3）风管改变方向、变径及分路时，不应过多使用矩形箱式管件代替弯头、渐扩管、三通等管件；必须使用分配气流的静压箱时，其断面风速不宜大于 1.5m/s。

5 金属风管的加固

1)圆形风管(不包括螺旋风管)直径大于等于800mm,且其管段长度大于1250mm或表面积大于4m²,均应采取加固措施;矩形风管长边大于630mm、保温风管长边大于800mm,管段长度大于1250mm或低压风管单边平面积大于1.2m²,中、高压风管单边平面积大于1.0m²,均应采取加固措施。

2)采用楞筋、立筋、角钢(内、外加固)、扁钢、加固筋和管内支撑等加固形式,见图10.3.1-4。

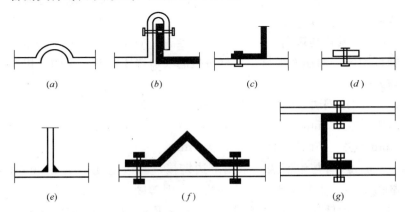

图10.3.1-4 风管的加固形式
(a)楞筋;(b)立筋;(c)角钢加固;(d)扁钢平加固;
(e)扁钢立加固;(f)加固筋;(g)管内支撑

3)长度大于1250mm的中压和高压系统风管的管段还应采用加固框补强;高压系统金属风管的单咬口缝,还应有防止咬口缝胀裂的加固或补强措施。

4)角钢、加固筋的间距不大于220mm,两相交处连接成一体;管内支撑各支撑点之间或与风管的边沿或法兰的间距不大于950mm。

6 风管及部件安装

1)根据图纸尺寸和现场情况确定风管安装定位尺寸,风管安装前应清除接口及内、外杂物,并做好清洁和保护工作。

2)无法兰连接风管的安装要点

(1)采用U形(或称C形)插条连接的风管安装时,应先插装上下水平插条,然后插装竖直插条;插装到位后,将舌头折弯,贴压在已装好的水平插条上。

(2)立咬口、包边立咬口连接的铆钉间距不应大于150mm,铆钉间隔应均匀。

(3)薄钢板法兰连接的风管及配件安装,应严格执行国家建筑标准设计图集《薄钢板法兰风管制作与安装》07K133的规定。

3)法兰的垫片材质应符合系统功能的要求,厚度4~6mm为宜。垫片不允许直缝对接,应尽量减少拼接,接头采用阶梯形或企口形,见图10.3.1-5,垫片拼接处应涂密封胶。

图10.3.1-5 法兰密封垫的连接

4)风管连接的螺栓应均匀拧紧,其螺母宜在同一侧,螺栓伸出螺帽长度为1/2螺栓直径的长度。

5)风管上的可拆卸接口,不得设置在墙体或楼板内。

6)风管与设备连接处及穿越沉降缝或变形缝的风管两侧应设置100~250mm长的不燃性材料制作的软接头,软接头接口应牢固、可靠,在软接头处禁止变径。

7)风管与砖、混凝土风道的连接接口,应顺着气流方向插入;风管与墙洞间隙用柔性防火材料封堵密实。

8)弯头、三通、调节阀、变径管等管件之间间距宜保持5~

10倍管径长度的直管段。

9)风管与风机入口连接,应有大于风口直径的直管段;当弯头与风机入口距离过近时,应在弯头内加导流片。

10)风管与风机出口连接,在靠近风机出口处的转弯应和风机的旋转方向一致,风机出口处到转弯处宜有不小于3D（D为风机入口直径）的直管段。

11)风阀安装前必须检验其灵活性和可靠性,风阀应安装在便于操作和检修的部位,安装后的手动或电动操作装置应灵活、可靠,阀板关闭后应严密。

12)砖、混凝土风道内表面水泥砂浆应抹平整、无裂缝,不应渗水和漏风。

13)保温风管与支、吊架之间应设经过防腐处理的木衬垫:厚度与保温层厚度一致,宽度与支撑宽度相同,防止产生热桥。

14)复合材料风管及需要保温的非金属风管的连接和内部支撑加固等处,应有防热桥的措施。

7 风管严密性检验

1)漏光法检测

(1)对系统风管的检测,宜采用分段检测、汇总分析的方法,一般以阀件作为分段点。在严格安装质量管理的基础上,系统风管的检测以总管和干管为主。

(2)合格标准

低压系统风管每10m的漏光点不应超过2处,且每100m的平均漏光点不应超过16处;中压系统风管每10m的漏光点不应超过1处,且每100m的平均漏光点不应超过8处。

2)漏风量测试

(1)低压风管系统:漏光法检测不合格时,按规定的抽检率做漏风量测试。

(2)中压风管系统:在漏光法检测合格后,对系统进行漏风量测试抽检,抽检率为20%,且不得少于1个系统。

(3) 高压风管系统：全数进行漏风量测试。

(4) 合格标准

矩形风管系统在相应工作压力下，单位面积单位时间内的允许漏风量 $[m^3/(h \cdot m^2)]$ 计算公式分别为：

低压系统 $QL \leqslant 0.1056P^{0.65}$

中压系统 $QM \leqslant 0.0352P^{0.65}$

高压系统 $QH \leqslant 0.0117P^{0.65}$

P：风管系统的工作压力（Pa）

低压、中压圆形金属风管、复合材料风管以及采用非法兰形式的非金属风管的允许漏风量，为矩形风管规定值的50%。

砖、混凝土风道的允许漏风量不应大于矩形低压系统风管规定值的1.5倍。

排烟、除尘、低温送风系统按中压系统风管的规定，1~5级净化空调系统按高压系统风管的规定。

(5) 测试方法见《通风与空调工程施工质量验收规范》GB 50243 附录 A.2 和附录 A.3。

8 风管保温

1) 施工工艺流程

隐检→领料→保温材料下料→粘保温钉、涂胶粘剂→铺敷保温材料→保护层安装→检验

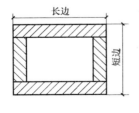

图 10.3.1-6 保温材料裁料方法

2）保温材料下料

保温材料下料要准确，切割面要平齐，在裁料时要使水平、垂直面搭接处以短面两头顶在大面上，见图10.3.1-6。

3）粘保温钉及保温材料铺敷

（1）粘保温钉前要将风管表面的尘土、油污擦干净，将胶粘剂分别涂抹在管壁和保温钉的粘结面上，稍后再将其粘上。

（2）矩形风管及设备保温钉数量：底面每平方米不少于16个，侧面不少于10个，顶面不少于8个；保温钉均匀布置，首行保温钉至风管或保温材料边沿的距离小于120mm；保温钉粘上后待12~24h后再铺敷保温材料。

（3）保温材料铺敷应使纵、横接缝错开，见图10.3.1-7。

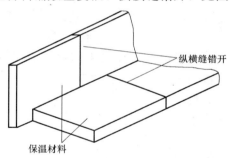

图10.3.1-7 保温材料铺敷

（4）小块保温材料应尽量铺敷在水平面上。

（5）离心玻璃棉、岩棉等保温材料每块之间的搭头采取图10.3.1-8所示的做法。

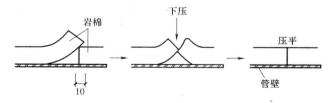

图10.3.1-8 保温材料搭头处理

4）粘贴固定保温材料

（1）胶粘剂应符合使用温度和环境卫生的要求，并与保温材料相匹配。

（2）板块与板块之间根据保温风管的形状相互错开，并对粘结处加压，保证粘合牢固。

5）风管部件的保温不得影响其操作功能。调节阀保温要留出调节转轴或调节手柄的位置，并标明启闭位置，保证操作灵活方便。

6）风管法兰部位保温层的厚度，不应低于风管绝热层厚度的80%。

7）带有防潮隔汽层保温材料的接缝处，用宽度不小于50mm的粘胶带牢固地粘贴在防潮面层上，不得有胀裂、褶皱和脱落现象。

8）风管穿楼板和墙体处的保温层应连续不间断。

9）绝热涂料作绝热层时：应分层涂抹，厚度均匀，不得有气泡和漏涂等缺陷，表面固化层应光滑、牢固、无缝隙。

10.3.2 空调水系统

1 施工工艺流程：

1）冷冻（却）水

施工准备→预制加工→卡架安装→干管安装→立管安装→支管安装→试压、冲洗→防腐、保温→调试

2）冷凝水

施工准备→预制加工→卡架安装→立管安装→水平干支管安装→设备连接→充水试验→通水冲洗→防腐、保温

2 焊接连接的管道预制、安装

1）钢管切割后对管口进行清理和打磨，管口切断面倾斜不得超过1/4管壁厚度。

2）管道焊口的组对和坡口形式参照表10.3.2的规定；对口的平整度为1‰，全长不大于10mm；采用机械方法加工坡口，

坡口加工时，管道端面应与管道轴线垂直；坡口表面不得有裂纹、锈蚀、毛刺等。

3）焊接材料的品种、规格和性能应符合设计要求，并与管材匹配。

4）焊接质量应符合现行国家标准《现场设备、工业管道焊接工程施工及验收规范》GB 50236 的规定。

表 10.3.2 管道焊接坡口形式和尺寸

项次	厚度 T (mm)	坡口名称	坡口形式	间隙 C (mm)	钝边 P (mm)	坡口角度 (°)	备注
1	1～3	I 形坡口		0～1.5	—	—	内壁错边量 $\leq 0.1T$ 且 $\leq 2mm$ 外壁 $\leq 3mm$
	3～6			1～2.5	—	—	
2	6～9	V 形坡口		0～2.0	0～2	65～75	
	9～26			0～3.0	0～3	55～65	
3	2～30	T 形接头 I 形坡口		0～2	—	—	—

3 丝接管道预制、安装

1）丝接连接的钢管采用机械切割，螺纹加工不得有大于螺纹全扣数 10％ 的断丝或缺丝，螺纹的有效长度允许偏差一扣。

2）填料采用细麻丝加铅油或聚四氟乙烯生料带，缠绕时应顺螺纹紧缠 3～4 层，并不得使填料挤入管内。

3）管件紧固后，将外露螺纹上的填料清理干净，镀锌钢管的外露螺纹应涂防锈漆。

4）镀锌钢管和钢塑复合管严禁焊接。

4 法兰连接的管道预制、安装

1）法兰与管道连接，法兰端面应与管道中心线垂直；螺栓孔径和个数应相同（即压力等级一样），螺栓孔应对齐。

2）法兰的垫片应是封闭的，若需要拼接时其接缝应采用迷宫式的对接方式。垫片只能放一片，且不得有褶皱、裂纹或厚薄不均。

5 卡箍连接的管道预制、安装

1）管道采用机械切割。切割断面应与管道的中心线垂直，允许偏差为：管径不大于100mm时，偏差不大于1mm；管径大于125mm时，偏差不大于1.5mm。

2）现场测量管段长度后进行下料。连接管段的长度应是管段两端口间净长度减去6～8mm，每个连接口之间应有3～4mm间隙。

3）管接头采用的平口端环形沟槽必须采用专用滚槽机加工成型。

4）组成卡箍接头的卡箍件、橡胶密封圈、紧固件应由生产接头的厂家配套供应，橡胶密封圈的材质根据介质的性质和温度确定。

6 管道与设备的连接

1）在设备安装完毕、管道系统冲洗合格后进行。与水泵等动设备连接，应在二次灌浆后，基础混凝土强度达到75%和水泵经过精校后进行。

2）管道与设备的连接采用柔性接头，柔性接头不得强行对口连接，与其连接的管道应设置独立的支架。

3）水泵的吸水管如果是变径管，应采用顶平偏心大小头。

4）管道与设备连接后，不应再进行焊接或气割；当需焊、割时，应点焊后拆下管道进行焊接（或采取必要措施），防止焊渣、氧化铁进入设备内。

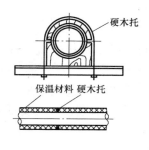

图 10.3.2-1 木托支架

7 冷冻水管道与支、吊架之间应设置绝热衬垫(承压强度能满足管道重量的不燃、难燃硬质绝热材料或经防腐处理的木衬垫),见图 10.3.2-1;其厚度不应小于绝热层厚度,宽度应大于支、吊架支承面宽度。冷冻水管道与支、吊架之间无法加绝热衬垫的,应在支架中间设隔热衬垫,衬垫上部与管道一起保温,保温层应连续、密实。

8 阀门、补偿器等安装

1)阀门、补偿器安装前,应按施工图要求核对其型号、规格、材质及技术参数;安装时,根据介质流向确定阀门安装方向;阀门的安装位置应便于检修,凡吊顶内设有阀门处,应设检修孔。

2)阀门安装前,对于工作压力大于 1.0MPa 及安装于主干管上起切断作用的阀门,应逐个做强度和严密性试验,合格后方可使用。

3)补偿器安装

参见第 9 章采暖节能工程有关内容。

4)阀门与管道的连接要求参照上述管道预制、安装的要求。阀门应在关闭状态下安装。

9 管道强度与严密性检验

1)冷热水和冷却循环水管道安装完毕,应分段、分系统进行强度与严密性检验;冷凝水管安装完毕应进行充水试验。

2)水压试验应使用清洁水作介质。

3)试验压力应符合设计要求;当设计无要求时,强度试验压力为额定工作压力的 1.2~1.5 倍,当压力升至试验压力时停止升压,稳压 5min,若压力降≤0.02MPa、系统无渗漏为强度试验合格;将压力降至额定工作压力,稳压30min,检查系统各管道接口、阀件等附属配件,不渗漏为严密性试验合格。

10 空调水管道保温

1)采用橡塑作保温材料时,胶粘剂要分别涂在管壁和保温材料粘结面上,根据气温条件按规定静放后再覆盖保温材料,然后将所有结合缝用专用胶粘结严密,外面再用专用胶带粘贴;采用玻璃棉等管壳做保温材料时,用镀锌铁丝将其捆紧,铁丝间距一般为300～350mm,每根管壳捆扎不少于2处,捆扎要松紧适度。

2)水平管道保温管壳纵向接缝应在侧面;垂直管道一般是自下而上施工,管壳纵横接缝要错开。

3)管件及管道附件保温处理

(1)管道弯头、三通处的管壳应根据管径割成45°斜角,对拼成90°角,或将保温材料按虾米弯头下料对拼。

(2)三通处的保温一般先做主干管后做支管;主干管和支管处的间隙要用碎保温材料塞实并密封,见图10.3.2-2。

(3)阀门、法兰、管道端部等部位的绝热结构应能单独拆卸,且不得影响其操作功能,保温结构形式见图10.3.2-3～图10.3.2-5。

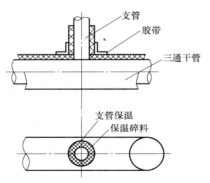

图10.3.2-2 三通处的保温形式

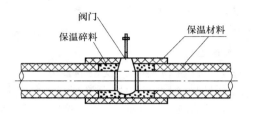

图 10.3.2-3 阀门的保温结构形式

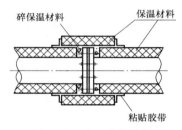

图 10.3.2-4 法兰的保温结构形式

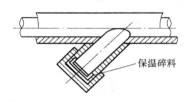

图 10.3.2-5 管道端部的保温结构形式

4）交叉管道的保温

管道交叉时，两根管道均需保温但距离又不够时，应先保低温管道，后保高温管道，与高温管道交叉的部位要用整节的管壳，纵向接缝放在上面；管壳的纵、横向接缝要用胶带密封，不得有间隙；高温管和低温管相接处的间隙用碎保温材料塞严，并用胶带密封；其中只有一根管道需保温时，为防止热桥产生，可将不需保温的管道在与保温管道交叉处两侧各延伸200～300mm进行绝热处理，见图10.3.2-6。

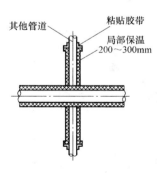

图 10.3.2-6 管道交叉时的保温形式

5) 松散或软质保温材料应按规定的密度压缩其体积, 疏密应均匀; 毡类材料在管道上包扎时, 搭接处不应有空隙。

6) 硬质或半硬质绝热管壳的拼接缝隙, 保温时不应大于5mm, 保冷时不应大于2mm, 并用粘结材料勾缝填满; 纵缝应错开, 外层的水平接缝应设在侧下方。当保温层的厚度大于100mm时, 应分层铺设, 层间应压缝。

7) 管道穿楼板和墙体处的绝热层应连续不间断, 且绝热层与套管之间应用不燃材料填实, 不得有空隙。

8) 防潮层施工

(1) 防潮层和绝热层应结合紧密, 封闭良好, 不得有虚粘、气泡、褶皱、裂缝等缺陷。

(2) 立管的防潮层应由管道的低端向高端敷设, 环向搭接缝朝向低端, 纵向搭接缝位于管道的侧面并错开。

(3) 卷材防潮层采用螺旋形缠绕的方式施工时, 卷材的搭接宽度宜为30～50mm。

(4) 油毡纸防潮层可用包卷的方式包扎, 搭接宽度宜为50～60mm, 油毡接口朝下, 并用沥青玛琋脂密封, 每300mm扎镀锌铁丝一道。

9) 保护层施工

(1) 用玻璃丝布缠裹时, 垂直管应自下而上, 水平管则应从最低点向最高点进行, 开始应缠裹两圈后再呈螺旋状缠裹, 搭接宽度应为1/2布宽, 起点和终点应用胶粘剂粘结或用镀锌铁丝捆扎; 应缠裹严密, 搭接宽度均匀一致, 无松脱、翻边、皱折和鼓包, 表面平整; 玻璃丝布刷涂料或油漆, 涂刷前应清除表面的尘土、油污。

(2) 用金属材料作保护壳时, 如采用平搭缝, 搭接长度宜为30～40mm, 如采用凸筋加强搭缝, 搭接长度宜为20～25mm; 立管保护壳施工应自下而上, 水平管则应从管道低处向高处进行, 使横向搭接缝口朝顺坡方向; 纵向搭缝应位于管道侧面, 缝口朝下；有防潮层的保护壳不得使用自攻螺丝，以免刺破防潮层；保护壳端头应封闭。

10.3.3 设备安装

1 施工工艺流程

基础验收→开箱检查→设备运输、就位→设备安装→设备配管→单机试运行

2 基础验收

1）安装前，根据设计图纸、产品样本或设备实物对设备基础的尺寸、标高、坐标、表面平整度、混凝土强度、预留孔洞尺寸、预埋铁件或地脚螺栓进行全面检查，并填写验收记录。

2）就位前根据设计图纸和建筑物的轴线、边缘线及标高线放设备安装的基准线。

3 风机安装

1）安装在无减振器支架上的风机，应垫 4~5mm 厚的橡胶板（消防风机除外），找平、找正后固定牢固。

2）安装在有减振器基座上的风机，地面要平整，各组减振器承受的荷载应均匀，不得偏心；安装后应采取保护措施，防止减振器损坏。

3）风机吊挂安装时，宜采用减振吊架。为减少吊架因风机启动的位移，应设置吊架摆动限制装置，以阻止风机启动惯性前移过量。

4）风机与电机用皮带连接时，两者应进行找正，使两个皮带轮的中心线重合。

5）风机与电机的传动装置外露部分应安装防护罩，风机的吸入口或吸入管直通大气时，应加装保护网或其他安全装置。

6）风机进、出口应通过软短管与风管连接，进、出风管应有单独的支撑。

7）轴流风机安装在墙内时，应在土建施工时配合预留孔洞和预埋件，墙外应装带钢丝网的 45°弯头，或在墙外安装活动百

叶窗。

4 组合式空调机组安装

1）组合式空调机组安装前应检查各段体与设计图纸是否相符，各段体内所安装的设备、部件是否完备无损，配件是否齐全。

2）多台空调箱安装前对段体进行编号，段体的排列顺序必须与设备图相符。

3）清理干净段体内的杂物、垃圾和积尘，从设备的一端开始，逐一将段体抬上基础，校正位置后加上衬垫，将相邻两个段体连接严密、牢固。

4）过滤器的安装应平整、牢固，并便于拆卸和更换；过滤器与框架之间、框架与机组的围护结构之间缝隙应封堵严密。

5）机组组装完毕，应做漏风量检测，漏风量必须符合现行国家标准《组合式空调机组》GB/T 14294 的规定。

5 柜式空调机组、新风机组安装

1）安装位置应正确；与风管、静压箱的连接应严密、可靠；与管道的连接采用软连接。

2）冷凝水管的水封高度应符合要求。

6 风机盘管安装

1）风机盘管安装前宜逐台进行质量检查：

（1）电机壳体及表面热交换器有无损伤、锈蚀等缺陷。

（2）单机三速试运转，机械部分不得有摩擦，电气部分不得漏电。

（3）进行水压试验，试验压力为系统工作压力的 1.5 倍；定压观察 2~3min，压力不下降、机组不渗漏为合格。

2）吊挂安装的风机盘管应平整牢固，位置正确；吊架应固定在主体结构上，吊杆不应自由摆动，吊杆与托架相连应用双螺母紧固。

3) 凝结水管的坡度和坡向应正确，凝结水应能畅通地流到指定位置。

4) 供回水阀、过滤器、电磁阀应靠近风机盘管安装，尽量安装在凝结水盘上方范围内，凝结水盘不得倒坡。

5) 风机盘管与水管的连接，应在管道系统冲洗合格后进行，以防止堵塞热交换器。

7 风幕安装

1) 安装位置、方向应正确，与门框之间采用弹性垫片隔离，防止风幕的振动传递到门框上产生共振。

2) 风幕的安装不得影响其回风口过滤网的拆除和清洗。

3) 安装高度应符合设计要求，风幕吹出的空气应能有效地隔断室内外空气的对流。

4) 纵向垂直度和横向水平度的偏差均不应大于 2/1000。

8 单元式空调机组安装

1) 分体单元式空调器的室外机和风冷整体单元式空调器的安装，固定应牢固可靠，无明显振动。遮阳、防雨措施不得影响冷凝器排风。

2) 分体单元式空调器的室内机的位置应正确，并保持水平，冷凝水排放应畅通，管道穿墙处必须密封，不得有雨水渗入。

3) 整体单元式空调器的四周应留有相应的检修空间。

4) 冷媒管道的规格、材质、走向及保温应符合设计要求；弯管的弯曲半径不应小于 $3.5D$（D 管道直径）。

9 热回收装置安装

1) 转轮式热回收装置安装的位置、转轮旋转方向及接管应正确，运转应平稳。

2) 排风系统中的排风热回收装置的进、排风管的连接应正确、严密、可靠，室外进、排风口的安装位置、高度及水平距离应符合设计要求。

10 变风量末端装置的安装

1）应设单独支、吊架，与风管连接前宜做动作试验。
2）与风管的连接应正确、严密、可靠。

10.4 系统调试与检测

本章的调试主要是通风系统和空调风管系统的调试，水管系统的调试要与冷热源系统一起进行，在第 11 章空调与采暖系统冷热源及管网节能工程中阐述。

10.4.1 工艺流程

施工准备→设备单机试运转→无负荷联合试运转的测定与调整→带负荷综合效能的测定与调整→综合效能评定

10.4.2 风机试运转

1 运转前应将送、回（排）风管及风口上的阀门全部开启。

2 风机正常运转后，定时测量轴承温升，所测温度应低于设备说明书中的规定值，如无规定值时，一般滚动轴承的温度不大于 80℃，滑动轴承的温度不大于 70℃。运转持续时间不小于 2h。

10.4.3 无负荷联合试运转

进行风机风量、风压及转速测定，系统风口风量平衡，冷热源试运转，制冷系统压力、温度及流量等测定。

10.4.4 风量、风压的测定与调整

主要为室内温度、相对湿度的测定与调整，室内气流组织的测定，室内噪声的测定，自动调节系统参数整定和联合试运调试，防排烟系统测定。

1 系统总风量、风压的测定截面位置应选择在气流均匀处，按气流方向应选择在局部阻力之后 4~5 倍管径（或矩形风管大边尺寸）或局部阻力之前 1.5~2 倍管径（或矩形风管大边尺寸）的直管段上。测定截面上测点的位置和数量主要根据风管形状（矩形或圆形）和尺寸大小而定。

2 送、回风口风量测定可用热电风速仪或叶轮风速仪测得风速,求得风量。测量时应贴近格栅或网格,采用匀速移动法或定点测量法测定平均风速,匀速移动法不应少于3次,定点测量法不应少于5个,散流器可采用加罩测量法。风口的风量与设计风量的允许偏差不应大于15%。

3 系统风量调整一般采用流量等比分配法结合基准风口调整法进行。

1) 流量等比分配法:一般从系统的最远管段,即从最不利风口开始,逐步调向风机。

2) 基准风口调整法:调整前,将全部风口的送风量初测一遍,计算出各个风口的实测风量与设计风量比值的百分数,选取最小比值的风口分别作为调整各分支干管上风口风量的基准风口;借助调节阀,使基准风口与任一风口的实测风量与设计风量的比值百分数近似相等。

4 经调整后,在各调节阀不动的情况下,重新测定各处的风量作为最后的实测风量,实测风量与设计风量偏差应不大于10%。使用红油漆在所有风阀的把柄处作标记,并将风阀位置固定。

5 防排烟系统及正压送风系统调试完成后,应与消防系统联动调试。

6 风管系统测试的主要内容

1) 风机的风量、风压、噪声。

2) 系统的总风量及各风口的风量、风速。

3) 正压送风区域的正压。

4) 卫生间负压。

5) 空调房间的气流组织和噪声。

11 空调与采暖系统冷热源及管网节能工程

11.1 一般规定

11.1.1 本章适用于空调与采暖系统中冷热源设备、辅助设备及其管道和室外管网系统节能工程的施工。

11.1.2 空调与采暖系统冷热源设备、辅助设备及其管道和管网系统节能工程的施工，除应符合本要点及《建筑节能工程施工质量验收规范》GB 50411 和《通风与空调工程施工质量验收规范》GB 50243 的有关规定外，还应按照批准的设计图纸、相关技术规范和标准进行。施工图纸修改必须有设计单位的设计变更通知书或技术核定签证。

11.1.3 空调与采暖系统冷热源设备、辅助设备及其管道和管网系统节能工程的施工技术方案应包含节能设计要求的设备、材料的质量指标，复验要求，施工工艺，系统检测，质量验收要求等内容。

11.1.4 锅炉安装施工单位，必须具有相应等级的施工许可证。

11.2 材料与设备

11.2.1 空调与采暖系统冷热源及管网节能工程使用的材料与设备必须符合设计要求及国家有关标准的规定，严禁使用国家明令禁止使用与淘汰的产品。

11.2.2 空调与采暖系统冷热源及管网节能工程所使用的设备、管道、阀门、仪表、绝热材料等产品进场验收，应遵守下列规定：

1 对材料和设备的类型、材质、规格、包装、外观等进行检查验收,并应经监理工程师(建设单位代表)确认,形成相应的验收记录。

2 对材料和设备的质量证明文件进行核查,并应经监理工程师(建设单位代表)确认,纳入工程技术档案。上述材料和设备均应有出厂合格证、中文说明书及相关性能检测报告;进口材料和设备应有商检报告。

3 对《建筑节能工程施工质量验收规范》GB 50411 第11.2.1条要求的设备的技术性能参数进行核查(设计要求、铭牌、质量证明文件进行核对),并应经监理工程师(建设单位代表)确认,形成相应的验收记录;

4 绝热材料的材质、密度、规格和厚度应符合设计要求;绝热材料不得受潮;进场后,应对其导热系数、密度和吸水率进行复验。复验为见证取样送检,复验要求及数量见附录A节能工程试验项目与取样规定。

11.2.3 冷热源设备及附属设备的型号、规格和技术参数必须符合设计要求,设备主体和零部件表面应无缺损、锈蚀等情况。

11.2.4 整体式蓄冰装置的保温结构,应有在安装地区气候条件下外壁不结露的计算书。

11.2.5 铜管的管径、壁厚及材质的化学成分应符合设计和国家标准要求。

11.2.6 其他材料和设备的要求参见第10章通风与空调节能工程10.2.4。

11.3 施工技术要点

11.3.1 设备安装

1 施工工艺流程

基础验收→开箱检查→设备运输、就位→设备安装→设备配管→单机试运行

2 制冷机组安装

1）螺杆式制冷机组安装

（1）螺杆式制冷机组安装，其纵、横向水平度允许偏差均为0.1/1000，在蒸发器的底座或与底座平行的加工面上测量。

（2）机组接管前应先清洗吸、排气管道，合格后方能连接。接管不得影响电机与压缩机的同轴度。

2）离心式制冷机组安装

（1）机组应在与压缩机底面平行的加工平面上找正找平，其纵、横向水平度允许偏差均为0.1/1000。

（2）基础底板应平整，底座安装应设置隔震器，隔震器压缩量应均匀一致。

3）溴化锂吸收式制冷机组安装

（1）制冷系统安装后，应对设备内部进行清洗。清洗时，将清洁水加入设备内，开动发生器泵、吸收器泵和蒸发器泵，使水在系统内循环，反复多次，并观察水的颜色直至设备内部清洁为止。

（2）热交换器安装时，应使装有放液阀的一端比另一端低约20~30mm，以保证排放溶液时易于排尽。

3 气源热泵机组安装

1）安装位置应通风良好，避免气流短路及建筑物高温高湿排气。

2）为防止空气回流及机组运行不佳，空气源热泵机组各个侧面与墙面的净距应符合如下要求：进风面距墙大于1.5m，机组控制柜面距墙大于1.2m，机组顶部净空大于15m。

3）两台机组进风面间距不应小于3.0m。

4）机组周围墙面只允许一面墙高于机组高度。

5）热泵机组基础高度一般应大于300mm，布置在可能有积雪的地方时，基础高度需加高。

4 冷却塔安装

1）玻璃钢和塑料冷却塔是易燃品，冷却塔安装过程中应注意防火。

2）塔体拼装时，螺栓应对称紧固，不允许强行扭曲安装。

3）单台安装的冷却塔水平度和垂直度允许偏差均为2/1000，多台安装的冷却塔水平高度应一致，高差不应大于30mm。

4）冷却塔的进出水管口及喷嘴的方向和位置应正确，布水均匀。有转动布水器的冷却塔，其转动部分应灵活，喷水出口宜向下与水平呈30°夹角，且方向一致。

5）为避免杂物进入喷嘴、孔口，组装前应仔细清理。

6）淋水填料应阻燃，其表面形状应有利于冷却水的滞留及换热，安装不宜过紧或过松，保证表面平整，间距均匀。

7）风机叶片端部与塔体四周的径向间隙应均匀，对于可调整角度的叶片，角度应一致。采用皮带传动的风机，应设皮带及皮带轮防护罩。

8）冷却塔安装完毕，应清理管道、填料表面、集水盘等内的污垢及遗留杂物，并进行系统清洗。

9）封闭式冷却塔按设备技术文件要求进行安装。

5 锅炉安装

1）压力≥1.0MPa、功率≥100kW的热水锅炉和蒸汽锅炉属压力容器，安装前须将锅炉平面布置图及标明与有关建筑距离的图纸，报当地锅炉压力容器安全监察机构审查同意。

2）施工工艺流程

整装锅炉按燃料分有燃煤锅炉、燃油锅炉、燃气锅炉和油气两用锅炉。从节能和环保角度考虑，目前主要采用燃油、燃气和油气两用锅炉，其施工工艺流程：

施工准备→基础验收及划线→锅炉本体就位、安装→燃烧器安装，平台、扶梯、栏杆安装，本体管道、阀门及仪表安装→水泵、软水器、除氧器、排污缸、烟囱等辅助设备安装→配电、控制系统安装→锅炉本体水压试验、辅助设备及管道水压试验→安

全阀安装、调试→煮炉→系统调试

3）锅炉本体安装

（1）锅炉中心线应与基础基准线相吻合，偏差≤3mm；锅炉中心垂直度偏差≤1/1000；标高偏差≤±5mm。

（2）锅炉本体安装应有3‰的坡度，坡向排污装置。

（3）当锅炉本体不平时，应用千斤顶将锅炉偏低一侧连同支架一起顶起，再在支架之下垫以适当厚度的垫铁，垫铁的间距宜为500~1000mm。

4）燃烧器安装

（1）燃烧器检验合格后、在厂家技术人员指导下进行，安装时燃烧器与锅炉本体接口处应嵌入石棉橡胶板使之连接严密。

（2）燃烧器及供油（气）阀组安装完毕，点火前应在锅检所专业人员的监督下进行气密性试验，试验范围从球阀到双重电磁阀，保压时间为20min，用检漏仪进行检漏，合格后填写试验记录。

试验设备：手压气泵、微压表、检漏仪。

5）排污装置安装

（1）每台锅炉一般安装2个排污阀；排污阀采用专用快速排放的球阀或旋塞（一般由锅炉厂家配套供应），不得采用螺旋升降的截止阀或闸阀；排污阀及排污管道不得采用螺纹连接。

（2）每台锅炉应安装独立的排污管，排污管尽量减少弯头，所有的弯头均采用煨制弯，其弯曲半径$R \geqslant 1.5D$。

（3）排污管接至排污膨胀箱或安全地点，保证排污畅通。

（4）多台锅炉的排污合用一个总排污管时，必须设有安全阀。

6）水位计安装

（1）每台锅炉一般安装2副水位计（一般由锅炉厂家配套供应），水位计应安装在易观察的位置。

（2）水位计的泄水管应接至安全处。当锅炉安装有水位报警器时，其泄水管可与水位计的泄水管连在一起，但报警器的泄水管上应单独安装阀门；当水位计的泄水管旁通接至取样冷却器时，旁通管及三通后的泄水管上均应单独安装阀门。

7）安全阀安装

（1）安全阀安装前必须逐个进行严密性试验，并送有资质的检测机构校验、定压，校验合格的安全阀应铅封和做好标记。

（2）锅炉上一般安装两个安全阀，其中一个按较高值定压，另一个按较低值定压；装有一个安全阀时，按较低值定压。

（3）安全阀应垂直安装，并装设排泄放气（水）管，排泄放气（水）管的直径应严格按设计要求，不得随意改变，也不得小于安全阀的出口截面。

（4）安全阀与连接设备之间不得接有任何分叉的取气或取水管道，也不得安装阀门。

（5）安全阀的排泄放气（水）管应通至室外安全地点，坡度应坡向室外，排泄放气（水）管上不得安装阀门。

（6）安全阀的排泄放气（水）管应单独设置，不得几根并联。

（7）设备水压试验时，应将安全阀卸下，待水压试验完毕后再安装。

8）锅炉水压试验

（1）水压试验应在环境温度高于5℃时进行，低于5℃必须有防冻措施。

（2）应对锅炉进行全面检查，检查有无漏水和反常现象；启动试压泵缓慢升压，当升至0.3～0.4MPa时进行一次检查和必要的紧固螺栓工作；待升至工作压力时，停泵检查有无渗漏或异常现象；再升至试验压力后停泵，保持10min，压力降不应超过0.02 MPa；降至工作压力进行检查，压力不降，不渗、不漏，无残余变形，受压元件金属壁和焊缝上无水珠和水雾，胀口处不渗为合格。

（3）水压试验结束后，将炉内水排净，拆除所加的盲板，做好记录,参加验收人员签字。

6 水泵安装

1)出厂时已装配、调整完善的部分不得随便拆卸。

2)水泵有地脚螺栓固定和减振底座安装两种方式。一般大型卧式水泵采用混凝土基础底座安装,小型水泵采用钢底座安装。

3)混凝土基础底座与水泵采用地脚螺栓固定,混凝土基础底座事先预制好,其验收和处理与混凝土基础相同。

4)水泵就位后以泵的轴线为基准进行找平、找正,即对水平度、标高、中心线进行核对,可分初平和精平两步进行。

5)水泵找平、找正后,减振器的压缩量应均匀一致,偏差不大于2mm。

7 换热器安装

1)安装前熟悉使用说明书的注意事项和安装要求,分清一次侧和二次侧。

2)各种换热器安装的水平度、垂直度应符合规范和设备技术文件的要求。

3)板式换热器地脚螺栓的固定应牢固。

4)壳管式换热器的安装,如设计无要求时,其封头与墙壁或屋顶的距离不得小于换热管的长度。

8 蓄能装置安装

1)现场浇筑的钢筋混凝土蓄冰槽和蓄冷水池的做法、规格、强度、防水、排水及保温要求等均应符合设计要求。

2)整体式蓄冰装置的基础附近应设排水沟。

3)蓄热装置一般现场制作,所用的材料、制作工艺、防腐处理方法及保温要求等均应符合设计和现行国家标准的规定;高于沸点温度的高温蓄热装置应符合《压力容器安全技术监察规程》,系统应有多重保护措施;蓄热装置制作完毕应进行强度和气密性试验,合格后方可进行防腐和保温。

4)蓄热装置的基础应按设计要求做防潮层和保温层。

5）蓄热循环水泵入口应设防止因温度过高而产生汽化的装置。

9 地源热泵系统施工

地源热泵系统机房内的设备、管道施工与制冷机房相同，机房外部分以应用范围最广的垂直埋管换热器为例阐述其施工要点。

1）主要施工机具：钻孔设备、注浆设备、热熔焊机、电熔焊机、试压设备。

2）施工工艺流程

孔位放样→钻孔→U形换热器的预制、试压→U形换热器的下放→U形换热器的二次试压、保压→注浆→U形换热器冲洗→开挖环路集管沟槽→沟槽找平、填沙→环路集管的制作、安装→第三次试压→回填、夯实→第四次试压

3）孔位放样

按照孔位图进行平面定位，采用水准仪测出各孔位的地面高程，根据环路集管的埋深确定钻孔深度。

4）钻孔

（1）如果钻孔区域土质比较好，可以采用裸孔钻进；如果是砂层，孔壁容易坍塌，必须下套管护壁。

（2）按照确定的井位修整场地，遇坑洼地形，需垫平、夯实；充分了解井位地下的建筑设施，有无地下文物、人防设施、热力、电力、通信、煤气、水管线等，遇有上述设施必须避让；现场安排好钻具、材料存放位置，井位区域要留有车辆通道，以保证泥浆外运；凿井过程中做好地层原始记录。

（3）钻机进入现场，按已定的井位进行安装，钻机必须支稳，冲击钻桅杆前倾$3°\sim5°$，桅杆滑轮前沿对准井位中心。

5）U形管预制

（1）U形管及至分集水器的管道一般均采用高密度PE材料，进场时要有产品合格证，材料检测报告，并分批取样检测产

品的长度、壁厚、外径等。

（2）U形管加工地点尽量靠近孔位；PE材料采用热熔或电熔连接，连接要求符合《埋地聚乙烯给水管道工程技术规程》CJJ 101的有关规定；U形管除必不可少的U形弯头外不得有其他接头。

（3）U形管插入钻孔前，用堵头封闭管口做第一次水压实验，实验压力及要求应符合设计和《地源热泵系统工程技术规范》GB 50366的有关规定。

6）下管

U形管应在钻孔孔壁固化后立即进行；下管时，U形管内宜充满水，并采用每隔2～4m设一弹簧卡（或固定支卡）的方式将U形管支管分开，且尽可能紧靠孔壁，加强换热管与地层的换热效果，减小U形管之间的换热干扰。

7）填料（注浆）

为提高填料的密实程度，要严格控制填料的速度，沿孔壁四周均匀慢速填料，同时沿管壁注水或空气，边提管边填料，使填料处于悬浮状态，均匀下沉。

8）环路集管土方开挖

（1）开挖前书面向建设单位提出地下障碍物情况调查表，明确障碍物的位置、埋深、大小、物品性质、物品名称等内容，并明确处理、保护方法，签字后方可施工。

（2）根据设计图纸放线；根据现场条件、结构埋深、土质、地下水等因素确定开槽断面；当现场条件不能满足开槽上口宽度时，采取边坡支护措施。

（3）开挖过程中发现事先未查到的地下障碍物时应停止施工，报建设单位同意后再继续施工；当开挖发现文物时，应采取保护措施并通知文物管理部门。

（4）土方开挖至槽底后，对沟槽进行检查验收：槽底不得受水浸泡或受冻；槽壁平整，边槽坡度不得小于设计规定；槽底标高允许偏差：土方为±20mm，石方为−200mm～+20mm。

9）环路集管铺设与回填

（1）施工间隙管口部位应进行封闭保护；下管时不得损伤管材，宜采用非金属绳索；水平环路集管敷设的坡度不小于2‰。

（2）管道穿越道路、房屋基础、市政管线等应加套管。套管内径不得小于穿越管外径100mm，套管长度应伸出路基或地基1～1.5m；套管内壁应清洁无毛刺，必要时管道表面应加护套保护。

（3）管道敷设后应及时回填，回填时留出管道连接部位，待水压试验合格后再回填；用黄砂或原土先填实管底及管道两侧，然后回填至管顶0.5m处；回填应分层夯实，每层厚度宜为0.2～0.3m，管道两侧及管顶0.5m以内的回填土必须人工夯实；回填土超出管顶0.5m后，可用小型机械夯实，每层松土厚度宜为0.25～0.4m。

10 辅助设备安装

1）水箱安装

（1）水箱的溢流管和排泄管应安装在排水点附近，但不得与排水管直接连接。

（2）供暖膨胀水箱的膨胀管上不得安装阀门。

2）稳压装置安装

（1）安装前应按照使用说明书的要求核对各管道接口的位置、方向和标高是否符合设计要求和现场有关实际连接对象的要求。

（2）主体安装完成后，再安装相应的测量仪表（压力计、温度计等），然后进行水压试验。

3）软化水装置安装

（1）软水罐的水位视镜应布置在便于观察的方向。

（2）装置出口应安装取样管和阀门，取样管接至排水沟处。

4）分汽缸、分水器、集水器安装

（1）分汽缸、分水器、集水器安装前均应进行水压试验，试验压力为工作压力的 1.5 倍。

（2）分汽缸的底座固定后，应有一端可以轴向移动。

（3）冷冻水系统的分水器、集水器与底座之间必须进行绝热处理，绝热处理前的支架应与设备一起保温。

11 燃气、燃油系统设备安装

1）燃气系统设备的安装应符合设计和消防要求，调压装置、过滤器的安装和调节应符合设备技术文件的规定，且应可靠接地。

2）燃油系统储油罐、日用油箱及油泵的安装位置应符合设计和消防要求。储油罐、日用油箱的透气管应按设计要求接到安全地带。

11.3.2 管道、阀门等安装

1 设备房内冷、热水管道、冷却水管道及阀门的施工要求和各种管道的连接参见第 10 章通风与空调节能工程的 10.3.3。

2 制冷管道安装

1）制冷机组冷媒管道的坡度和坡向应符合要求；液体管道安装不应有局部向上凸起的弯曲，以免形成气囊；气体管道不应有局部下凹的弯曲，以免形成水堵。

2）从液体干管引出支管，应从干管底部或侧面接出；从气体干管引出支管，应从干管上部或侧面接出。

3）弯管的弯曲半径不应小于 3.5D。管道成三通连接时，应将支管按制冷剂流向弯成弧形再焊接；当支管与干管直径相同且管道内径小于 50mm 时，则需在干管的连接部位换上大一号管径的管段，再按以上规定进行焊接。不同管径的管子直接焊接时，应采用同心异径管。

4）紫铜管连接宜采用承插口焊接，或套管式焊接，承口的扩口深度不应小于管径，扩口方向应迎介质流向。切口平面允许倾斜偏差为管子直径的 1%。

3 室内蒸汽管道安装

1)水平安装的蒸汽管道要有适当的坡度。当坡向与蒸汽流动方向一致时,坡度宜为3‰,当坡向与蒸汽流动方向相反时,坡度应为5‰~1%。

2)锅炉出口蒸汽管上的第一个弯头,必须采用煨制弯头,弯曲半径、椭圆率及折皱不平度均应符合有关要求。

3)水平干管的翻高处和末端应设疏水装置。高压管道疏水器的安装间距宜为50~60m,低压管道宜为30~40m。

4)蒸汽管的变径采用偏心底平连接,凝结水管的变径采用同心连接。

5)蒸汽管道上的阀门填料及法兰垫片应耐高温。

4 室外管网安装

1)施工工艺流程

直埋:

放线定位→砌井铺底砂、挖管沟、防腐保温→管道敷设→补偿器安装→水压试验→防腐保温修补→填盖细砂→回填土夯实→试运行

管沟:

放线定位→挖土方→砌管沟→卡架制作安装→管道安装→补偿器安装→水压试验→防腐保温→盖沟盖板→回填土夯实→试运行

架空:

放线定位→卡架制作安装→管道安装→补偿器安装→水压试验→防腐保温→试运行

2)室外管道安装前应按设计图纸和规范规定放样,绘制安装详图,确定管路坐标和标高、坡向、坡度、管径、变径、预留甩口、阀门、卡架、拐弯、节点、伸缩补偿器及干管起点、终点的位置,并于现场进行核对、调整。

3)按调整后的放样详图下料、防腐,进行管件加工和预组

装、调直等。

4）下管前清理地沟内的杂物，然后进行支、吊、卡架及管道的安装。

5　燃气管道安装

1）燃气管道进室内必须明装，并按设计规定设置防爆阀门。

2）燃气系统管道与设备的连接不得使用非金属软管。

3）燃气管道的吹扫和压力试验应使用压缩空气或氮气，严禁用水。当燃气管道压力大于 0.005MPa 时，焊缝应按规范要求进行无损检测。

6　燃油管道安装

1）燃油管道及阀门的材质、规格应符合设计要求，阀门填料及法兰垫片应耐油腐蚀。

2）燃油管道系统应设置可靠的防静电接地装置，其管道法兰应采用镀锌螺栓连接或在法兰处用铜导线进行可靠跨接。

3）燃油管道的吹扫和压力试验应使用压缩空气或氮气，如用水试验，完毕后必须用压缩空气吹干。

7　阀、表安装

参见第 9 章采暖节能工程 9.3.3 的有关内容。

8　管道的强度与严密性检验及保温参见第 10 章通风与空调节能工程 10.3.2 第 9 条和第 10 条。

11.4　系统调试与检测

11.4.1　工艺流程

施工准备→设备单机调试→系统联动调试与检测→通风与空调工程节能性能的检测

11.4.2　设备单机调试

1　制冷机组

1）制冷机组的单机调试应在冷冻水系统和冷却水系统正常运行的过程中进行，由制冷机组厂家技术人员完成，施工单位配合。

2）制冷机组主要检验、测试的内容：蒸发器/冷凝器气压/水压试验；整机强度试验；氦检漏；电气接线测试；绝缘测试；运转测试等。各项测试的结果应符合设计和设备技术文件的要求，然后进行不少于 8h 的试运转。

3）各保护继电器、安全装置的整定值应符合技术文件规定，其动作应灵敏可靠；机组的响声、振动、压力、温度、温升等应符合技术文件的规定，并记录各项数据。

2 冷却塔

1）冷却塔进水前，应将冷却塔布水槽、集水盘内清扫干净。

2）冷却塔风机的电绝缘应良好，风机旋转方向应正确。

3）冷却塔试运转时，应检查风机的运转状态和冷却水循环系统的工作状态，并记录运转中的情况及有关数据，如无异常情况，连续运转时间应不少于 2h。

4）冷却塔试运转结束后，应将集水盘清洗干净，如长期不使用，应将循环管路及集水盘中的水全部排出，防止设备冻坏。

3 锅炉

锅炉的单体调试必须在燃烧系统、供水系统、供气（油）系统、安全阀、配电及控制系统均能正常运行的条件下进行。

1）锅炉调试的内容

（1）锅炉所有转动设备的转向、电流、振动、密封、噪声等检测，各保护连锁定值的设定。

（2）水位保护、安全连锁指示调整。

（3）燃烧系统连锁保护调整：火焰检测保护系统；点火系统；安全保护连锁系统；各负荷，风、燃料配比系统。

2）锅炉试运行及调试

（1）锅炉热态运行调试的内容：检测锅炉各控制单元动作是否正常；检测锅炉尾气排放数值；熄火保护调试；超压保护调试；低水位保护调试；低气压保护调试；超温保护调试；安全复

位保护调试。

（2）煮炉结束后将锅炉加至正常水位，启动燃烧器，调节气压及风门、风压，保证启动调节正常（烟囱无黑烟、燃烧平稳无异响）。

（3）燃烧正常后，拔出光敏电阻，手动控制光敏电阻，检查熄火保护。

（4）排污至低水位，检查锅炉自动进水，再排污至极低水位，检查锅炉在极低水位是否切断燃烧。

（5）锅炉升压后，根据需要调节1号压力控制器，转换成小火运行，待锅炉运行至用户需要的最高压力后，调节2号压力控制器，使锅炉自动停炉。

（6）排放蒸汽，降低炉内蒸汽压力，待降至适当压力时，调节1号压力控制器，使锅炉在此压力下自动启动。

（7）待锅炉重新升压后，调节3号压力控制器，并模拟超压，锅炉此时应自动停炉并切断启动电源。

（8）检查锅炉各承压部件是否有泄漏现象。

（9）完成上述检查设定后，重新启动锅炉，正常运行，检查各环节是否正常。

（10）安全阀定压

先调整开启压力较高的安全阀，后调整开启压力较低的安全阀。安全阀定压工作完成后，应做一次安全阀自动排汽试验，合格后铅封，同时将开启压力、回座压力记入《锅炉安装质量证明书》中。

（11）各项调试由锅检所专业人员在场监督验收，由锅检所出具验收报告并办理使用许可证，锅炉即可投入正常运行。

4　水泵

1）水泵试运转前，应检查水泵和附属系统的部件是否齐全，用手盘动水泵应轻便灵活、正常，不得有卡碰现象。

2）水泵在试运转前，应将入口阀打开，出口阀关闭，待水泵启动后缓慢开启出口阀门。

3) 水泵正常运转后，定时测量轴承温升，所测温度应低于设备说明书中的规定值，如无规定值时，一般滚动轴承的温度不大于75℃，滑动轴承的温度不大于70℃。运转持续时间不小于2h。

11.4.3 系统联动调试与检测

通风与空调系统的联动调试应在风系统的风量平衡调试结束和冷冻水、冷却水及热水循环系统均运转正常的条件下进行。系统联动调试分手动控制调试和自动控制调试两步，本章主要指手动控制调试，自动控制调试见第13章监测与控制节能工程的有关内容。

1 空调冷（热）水、冷却水系统的调试

1) 系统调试前应对管路系统进行全面检查。支架固定良好；试压、冲洗用的临时设施已拆除，系统已复原；管道保温已结束等。

2) 将调试管路上的手动阀门、电动阀门全部开到最大状态，开启排气阀。

3) 向系统内充水，充水过程中要有人巡视，发现漏水情况及时处理。

4) 系统冲满水后启动循环水泵和冷却塔，观察各部位的压力表和流量计读数及冷却塔集水盘的水位，流量和压力应符合设计要求。

5) 调试定压装置。采用高位水箱的，应调试浮球阀的进水水位至最佳位置；采用低位定压装置的，应调试其正常工作压力、启泵压力、停泵压力至设计要求。

6) 调整循环水泵进出口阀门开启度，使其流量、扬程达到设计要求（总流量与设计流量的偏差不应大于10%）。同时观察分水器、集水器上的压力表读数和压差是否正常，如不正常，调整压差旁通控制系统，直至达到设计要求（压差旁通控制系统手动调试只能粗调)。

7) 调整管路上的静态平衡阀,使其达到设计流量。

8) 调试水处理装置、自动排气装置等附属设施,使其达到设计要求。

9) 投入冷、热源系统及空调风管系统,进行系统的联动调试与检测。

2 供热系统联动调试与检测

1) 开启锅炉房分汽缸或分水器的阀门,向空调系统供热,调整减压阀后的压力至设计要求。

2) 调试换热装置进汽(热水)管上的温控装置,使换热装置出口的温度、压力、流量等达到设计要求。

3) 观察分水器、集水器及空调末端水系统的温度,应符合设计要求。

4) 供热系统调试过程中,应检查锅炉及附属设备的热工性能和机械性能;测试给水、炉水水质、炉膛温度、排烟温度及烟气的含尘、含硫化合物、一氧化碳、二氧化碳等有害物质的浓度是否符合国家规定的排放标准(此项应事先委托环保部门测试);测试锅炉的出率(即发热量或蒸发量)、压力、温度等参数;同时测试给水泵、油泵、除氧水泵等的相关参数。

3 供冷系统联动调试

制冷机组投入系统运行后,进行水量、温度、压力、电流、油温等参数及控制的调试。

11.4.4 通风与空调工程节能性能的检测

通风与空调工程交工前,应进行系统节能性能的检测,由建设单位委托具有检测资质的第三方进行并出具报告,检测的主要项目及要求见《建筑节能工程施工质量验收规范》GB 50411表14.2.2。

12 配电与照明节能工程

12.1 一般规定

12.1.1 本章适用于建筑配电与照明节能工程的施工。

12.1.2 建筑配电与照明节能工程的施工，除应符合《建筑节能工程施工质量验收规范》GB 50411 和《建筑电气工程施工质量验收规范》GB 50303 的有关规定外，还应按照批准的设计图纸，合同约定的内容和相关技术规范和标准进行。

12.1.3 配电与照明工程施工技术方案应包含节能设计要求的设备、材料的质量指标，复验要求，施工工艺，系统检测，质量验收要求等内容。

12.1.4 建筑配电与照明节能工程验收的检验批划分应按《建筑节能工程施工质量验收规范》GB 50411 第 3.4.1 条的规定执行。

12.1.5 建筑配电与照明节能工程在进行图纸会审时，应进行下列内容的核查：

1 10（6）kV 配电一般宜选用 D，yn11 接线的变压器；柴油发电机组应装设快速启动及电源切换装置（注：D 指高压为三角形联结，yn 指低压为星形联结并有中性点引出，11 为组别数）。

2 三相照明配电干线的各相负荷宜分配平衡，其最大相负荷不宜超过三相负荷平均值的 115%，最小相负荷不宜小于三相负荷平均值的 85%。

3 照明功率密度值、照明光源选择、气体放电灯镇流器选择、照明灯具选择、照明控制要求按《建筑照明设计标准》GB 50034 执行。

12.2 材料与设备

12.2.1 配电与照明工程使用的材料、设备等，必须符合设计要求及国家有关标准的规定。严禁使用国家明令禁止使用与淘汰的材料和设备。

12.2.2 照明光源、灯具及其附属装置、电线、电缆、母线以及单芯电缆卡具等材料和设备进场应遵守下列规定：

　　1　对材料和设备的品种、规格、包装、外观和尺寸等进行检查验收，并应经监理工程师（建设单位代表）确认，形成相应的验收记录。

　　2　对材料和设备的质量证明文件进行核查，并应经监理工程师（建设单位代表）确认，纳入工程技术档案。

　　3　对电线、电缆在施工现场抽样复验。复验应为见证取样送检。

12.2.3 配电与照明节能工程的照明光源、灯具及其附属装置应具有合格证，各项指标应符合设计要求。照明光源、灯具及其附属装置应有进场施工验收记录（监理或建设单位代表认可）。

12.2.4 低压配电系统选择的电缆、电线进场时，应对其品种、规格、包装、外观和芯线的截面、绝缘层厚度等进行检查验收，并应经监理工程师（建设单位代表）确认，形成相应的验收记录。对其截面和每芯导体电阻值进行见证复验。电缆电线截面不得低于设计值，每芯导体电阻值应符合《建筑节能工程施工质量验收规范》GB 50411 第12.2.2条规定（同一厂家各种规格总数的10%，且不少于2个规格）。

12.2.5 低压配电系统选择的母线进场时，应对其品种、规格、包装、外观和尺寸等进行检查验收，并应经监理工程师（建设单位代表）确认，形成相应的验收记录。母线应有产品合格证及材质证明文件，封闭、插接母线应有包括额定电压、额定容量、试验报告等技术数据的技术文件。铜、铝母线的机械性能和电阻率应符合表 12.2.5 铜、铝母线的机械性能和电阻率的要求。

表 12.2.5　铜、铝母线的机械性能和电阻率

母线名称	母线型号	最小抗拉强度 (N/mm²)	最小伸长率 (%)	20℃时最大电阻率 (Ω·mm²/m)
铜母线	TMY	255	6	0.01777
铝母线	LMY	115	3	0.0290

12.3　施工技术要点

12.3.1　配电节能工程

1　配电工艺流程

施工准备→定位、放线、测量→线管预埋→支架安装→管槽桥架安装→电线电缆敷设→配电箱柜安装→交接试验→通电单机调试→联合调试→交工验收

2　裸母线安装

1）裸母线安装工艺流程

放线测量→支架及拉紧装置制作安装→绝缘子安装→母线的加工→母线连接→母线安装→母线涂色刷油→检查送电

2）施工技术要点

（1）母线的紧固螺栓，无要求时，应选用镀锌螺栓；铝母线宜用铝合金螺栓，铜母线宜用铜螺栓；紧固螺栓时应用力矩扳手，螺栓长度应露出螺母 2～3 扣。

（2）母线的焊接

母线焊缝距离弯曲点或支持绝缘子边缘不得小于 50mm，同一相如有多片母线，其焊缝应相互错开不得小于 50mm；铝及铝合金母线的焊接应采用氩弧焊，铜母线焊接可采用 201 号或 202 号紫铜焊条、301 号可焊粉或硼砂；母线焊接前应当用铜丝刷清除母线焊口处的氧化层，将母线用耐火砖等垫平对齐，防止错口，焊口处根据母线规格留出 1～5mm 的间隙，然后由焊工

施焊，焊缝对口平直，不得错口，必须双面焊接。焊缝应凸起呈弧形，上部应有 2～4mm 加强高度，角焊缝加强高度为 4mm。焊缝不得有裂纹、夹渣、未焊透及咬肉等缺陷。

（3）母线的螺栓连接

矩形母线采用螺栓固定搭接时，连接处距支柱绝缘子的支持夹板边缘不应小于 50mm；上片母线端头与下片母线平弯开始处的距离不应小于 50mm；母线与母线，母线与电器接线端子搭接时，其搭接面的处理应符合下列规定：

铜与铜：室外、高温且潮湿的室内，搭接面须搪锡；干燥的室内，不须搪锡。

铝与铝：搭接面不做涂层处理。

钢与钢：搭接面搪锡或镀锌。

铜与铝：在干燥室内，铜导体搭接面搪锡；在潮湿场所，铜导体搭接面搪锡，且采用铜铝过渡板与铝导体连接。

钢与铜或铝：钢搭接面搪锡。母线采用螺栓连接时，平垫圈应选用普通标准平垫圈，并必须配齐弹簧垫。螺栓、平垫圈及弹簧垫必须用镀锌件。螺栓长度应考虑在螺栓紧固后丝扣能露出螺母外宜 2～3 扣。

（4）母线的接触面应连接紧密，连接螺栓应用力矩扳手紧固，其紧固力矩值应符合表 12.3.1 规定。

表 12.3.1 母线搭接螺栓的拧紧力矩表

螺栓规格(mm)	力矩值(N·m)	螺栓规格(mm)	力矩值(N·m)
M8	8.8～10.8	M16	78.5～98.1
M10	17.7～22.6	M18	98.0～127.4
M12	31.4～39.2	M20	156.9～196.2
M14	51.0～60.8	M24	274.6～343.2

（5）对水平安装的母线应采用开口扁钢夹子，对垂直安装的母线应采用母线夹板。

(6) 母线只允许在垂直部分的中部夹紧在一对夹板上,同一垂直部分其余的夹板和母线之间应留有 1.5～2mm 的间隙。

(7) 母线送电应有专人负责,送电程序应为先高压、后低压;先干线,后支线;先隔离开关后负荷开关。停电时与上述顺序相反。

3 封闭母线,插接式母线安装

1) 封闭母线,插接式母线安装工艺流程

设备点件检查→放线测量→支架制作及安装→封闭插接母线安装→试运行验收

2) 施工技术要点

(1) 封闭插接母线应按设计和产品技术文件规定进行组装,组装前应对每段进行绝缘电阻的测定,测量结果应符合相关规范规定,并做好记录。

(2) 封闭式母线紧固螺栓应由厂家配套供应,应用力矩扳手紧固。母线搭接螺栓的拧紧力矩见表 12.3.1。

(3) 封闭式母线沿墙水平安装,安装高度应符合设计要求,无要求时不应距地小于 2.2m,母线应可靠固定在支架上。

(4) 封闭式母线悬挂安装,吊杆直径应与母线槽重量相适应,螺母应能调节。

(5) 封闭式母线垂直安装,沿墙或柱子处,应做固定支架,过楼板处应加装防震装置,并做防水台。

(6) 母线在达到下列条件时,可进行试运行:

变配电室已达到送电条件;土建及装饰工程及其他工程全部完工,并清理干净;与插接式母线联接设备及联线安装完毕,绝缘良好;封闭式母线清扫干净,接头联接紧密,相序正确,外壳接地良好;母线绝缘电阻测试和交流工频耐压试验符合相关规范规定。

(7) 母线送电空载运行 24h 后无异常现象,可办理验收手续,交建设单位使用,同时提交验收资料。

4 交流单芯电缆或分相后的每相电缆敷设

1) 工艺流程

准备工作→电缆沿支架、桥架敷设→防火封堵→电缆头制作安装→挂标志牌→检查送电

2) 施工技术要点

(1) 交流单芯电缆或分相后的每相电缆宜品字型（三叶型）敷设，且不得形成闭合铁磁回路。

(2) 固定交流单芯电缆的夹具应无铁件构成闭合磁路。

(3) 交流单芯电力电缆，应布置在同侧支架上。当按紧贴的正三角形排列时，应每隔1m用绑带扎牢。

(4) 交流单芯电力电缆不得单独穿入钢管内。

(5) 单芯电力电缆的金属护层的接线、相序排列等应符合要求。

5 配电系统调试

1) 配电系统调试流程

(1) 变电系统调试流程

准备工作→变压器、配电柜、线路单体调试→正式通电

(2) 低压配电系统调试流程

准备工作→电缆线路、配电箱单体调试→带设备无负荷试车→联动试车

2) 高压变电系统调试

(1) 线路测试

电缆、母线各相对地及各相间的绝缘电阻值，应符合《电气装置安装工程电气设备交接试验标准》GB 50150的要求；电缆的直流耐压试验及泄漏电流测量值、高压母线交流工频耐压试验应符合《电气装置安装工程电气设备交接试验标准》GB 50150的要求。电缆、母线的两端相位应一致并与电网相位相符合。

(2) 变压器的交接试验

变压器绕组的直流电阻符合规范要求；变压器所有分接头的变压比，与制造厂铭牌数据相比应无明显的差别，且符合变压比

的规律；变压器的三相结线组别与设计要求及铭牌上标记和外壳上的符号相符；绕组的绝缘电阻、吸收比或极化指数符合规范要求；变压器绕组的交流耐压试验应符合规范要求；与铁芯绝缘的各坚固件及铁芯接地线引出套管对外壳的绝缘电阻应符合规范要求；在额定电压下对变压器的冲击合闸试验，应进行5次，每次间隔时间宜为5min，变压器相位应与电网相位相一致。

（3）变压器送电试运行

变压器第一次投入时，宜全压冲击合闸，冲击合闸时一般可由高压侧投入；变压器第一次受电后，持续时间不应少于10min；应对变压器进行3～5次全压冲击合闸。励磁涌流不应引起保护装置误动作；变压器试运行应注意冲击电流、空载电流、温度、一、二次电压，并应做详细记录；变压器并列运行前，应校对相序；变压器空载运行24h，无异常情况方可投入负荷运行。

（4）配电柜的试验调整

高压试验标准应符合国家规范，当地供电部门的规定及产品技术资料要求；试验内容应包括高压柜、母线、避雷器、高压瓷瓶、电压电流互感器、高压开关；调整内容应包括过流继电器调整、时间继电器、信号继电器调整以及机械连锁调整。

（5）配电柜的送电运行

应明确试运行指挥者、操作者和监护人；送电前供电部门应将电源送进室内，经过验电、校相无误；安装单位合进线柜开关，应检查进线柜上电压表三相电压；合变压器柜开关，应检查变压器是否有电；合低压柜进线开关，应检查电压表三相电压；在低压联络柜内，在开关的上下侧进行同相校对。送电空载运行24h，无异常现象、应办理验收手续。

3）低压配电系统调试

（1）各动力配电箱柜应切断电源。

（2）各动力配件组成部分：母线、电缆、电动机等，应经测试合格且接线正确。

（3）调试工作应按系统、按配电箱控制的区域分成各自独立的调试区域进行调试，调试工作应从最末端配电箱开始。

（4）分区域分系统工作调试完成后，应进行总体送电运行调试，对主干线电缆、封闭母线空载送电，送电顺序应由上级配电箱往下级配电箱逐级逐回路送电；有双电源配电箱柜时应做切换电源调试。

（5）电动机的调试

应进行主回路的校对，检查其接线是否符合设计要求；应对电机主回路进行绝缘测试，做好测试记录；应手动盘转电机，叶片应无卡阻现象；电机试运转2h，测量其起动电流及运行电流，确认电动机转向，做好相关试验记录。

（6）防雷接地的测试

根据设计要求对防雷接地进行接地电阻测试，并做好记录。

6 改善电能质量的措施

1）电能质量的主要技术指标有电压偏差、频率偏差、电压三相不平衡、谐波和间谐波、电压波动和闪变。

2）电源质量减少电压偏差的方法

正确选择变压器的变压比和电压分接头；降低系统阻抗；采取补偿无功功率措施；宜使三相负荷平衡。

3）降低三相低压配电系统的不对称度的方法

设计低压配电系统时采取220V或380V单相设备接入三相系统，宜使三相平衡，由地区公共低压电网供电的220V单相负荷线路电流小于或等于30A时，可采用220V单相供电、大于30A时，宜以220V/380V三相四线制供电，降低三相低压配电系统的不对称度。

4）总谐波畸变率降低的方法

用电设备的选型上应满足谐波的限值；电力公司向用户提供的电能质量应符合《电能质量 公共电网谐波》GB/T 14549的要

求；非线性负荷宜放置于配电系统的上游；根据不同的特性谐波治理可采用无源吸收谐波装置或有源吸收谐波装置；电压总谐波畸变率超过规范值时，可优先考虑安装零序谐波滤波器，使总谐波畸变率降低。

注：非线性负载在工频正弦电压作用下，会产生高频谐波电流，通常为3、5、7、9等奇次谐波，其中6K-3次谐波产生零序电流，6K-1次谐波产生负序电流，6K+1次谐波产生正序电流。零序谐波的存在将产生零序电流，从而在中性线中叠加产生大量的中性线电流。

12.3.2 照明节能工程

1 工艺流程

施工准备→电线管、槽敷设→管内穿线及接线→绝缘电阻测试→照明器具安装→绝缘电阻测试→试运行验收

2 普通灯具安装

施工技术要点

（1）成排照明灯具应统一弹线定位、开孔，确保横平竖直。

（2）荧光灯主要适用于层高4.5m以下的房间；室内空间高度大于4.5m且对显色性有一定要求时，宜采用金属卤化物灯。

（3）灯具在吊顶上嵌入式安装应固定在专设的框架、支吊架上，不应使吊顶龙骨受灯具荷载，支吊架必须固定在主体结构上，不得固定在管道、风管上，且一套灯具对应一套支吊架。

（4）照明灯具在易燃结构、装饰部位及木器家具上安装时，灯具周围应采取防火隔热措施，易燃物周围刷防火涂料隔热。灯具宜使用冷光源灯具。

（5）灯具的电源线应穿保护管，不得明露导线、接头。

3 太阳能灯及风光互补路灯安装

1）灯具地基施工

（1）安装前，应对施工地点进行勘察。安装地点四周不应有遮挡物，确保太阳电池组件可正常采光，或风力组件可正常受风。

(2) 安装前熟悉太阳能及风光互补灯具地基图纸及技术要求。

(3) 依照灯具地基图开挖基坑。

(4) 清除基坑中的浮土及杂物，边坡必须稳定，制作地基水泥基础。

(5) 地基施工完毕后必须有施工人员进行现场验收，验收合格后方可进行灯具安装。

2) 草坪灯安装

(1) 依照发货清单清点灯具；不合格品禁止安装。

(2) 将灯体内预留的正、负极线穿过预埋管。

(3) 将灯具底座安装于地脚螺栓上，并采用螺母紧固。

(4) 安装蓄电池，将灯体中引出线的正、负极及蓄电池引出线的正、负极连接在一起；在连接过程中，严禁将正、负接线头短路。

3) 庭院灯安装

(1) 灯杆组件及易磨损配件（例如太阳电池组件、灯头等）在放置及安装时应有保护措施以免在安装过程中造成划伤。

(2) 组装灯杆组件，调整灯头与电池组件的方向。组装灯杆时，螺栓连接处连接紧固，受力均匀，必要时采用螺纹锁固胶。

(3) 连接太阳电池组件及光源的护套线必须留有足够余量。

(4) 安装太阳电池组件

组件固定：用螺栓固定太阳电池组件两个边并紧固。

太阳电池组件间连线原则：护套线与太阳电池组件接线盒联接后必须采用硅胶进行密封；电缆（线）应在杆（管）内敷设；连线完毕后，应检测各个线路接线是否正确。

(5) 安装蓄电池，将灯体中引出线的正、负极及蓄电池引出线的正、负极连接在一起；在连接过程中，严禁将正、负接线头短路。

(6) 灯具就位

将灯具运输到地基附近，然后将灯具抬至地基上方，缓慢放下灯具的法兰端于地基上的合适位置，同时保证灯光源及太阳电池组件方向正确；另外把住法兰，同时随时调整法兰位置使得地脚螺栓穿过法兰盘上的地脚螺栓孔；待灯具完全竖起后，先后于地脚螺栓穿上相应规格的平垫圈、弹簧垫圈，然后采用螺母紧固；在依靠螺母紧固法兰盘时，螺母应同时受力且受力均匀。

4）路灯安装

（1）灯杆组件及易磨损配件（例如太阳电池组件、灯头等）在放置及安装时应有保护措施以免在安装过程中造成划伤。

（2）太阳能路灯包括灯杆组件、灯臂组件、太阳电池组件固定结构；风光互补路灯包括太阳电池组件、风力发电机组、蓄电池组、负载等。

（3）组装灯臂：采用合适的螺栓紧固灯臂组件于灯杆上；固定灯臂组件时，避免灯臂组件挤压护套线，造成护套线线皮受损乃至切断。

（4）组装灯具（内装有光源）：将灯具安装于灯臂上，将护套线接在灯具内部的接线端子上，接线时注意正、负极接线的正确。

（5）组装灯杆组件：依次将支架组件和角钢框紧固于灯杆组件上，连接支架和角钢框的同时，太阳电池组件护板放置于角钢框中，然后将太阳电池组件放置于护板上；安放太阳电池组件时，依据路灯的系统电压和太阳电池组件的电压将太阳电池组件线接好，应检测太阳电池组件连线（接控制器端）是否短路，同时检测太阳电池组件输出电压是否符合系统要求。安装风力发电机组按照厂家安装说明书进行。

（6）组装太阳电池组件：电池组件支架用螺栓，螺母、垫圈紧固。安装时，应将螺栓由外向里安装，然后套上垫圈并用螺母紧固，紧固时要求螺栓连接处连接牢固，无松动。组装完后必须保证太阳电池组件固定框朝向安装地点的正南面。

（7）灯具就位：将起吊绳穿在灯杆合适位置；缓慢起吊灯具，注意避免吊车钢丝绳划损太阳电池组件；起吊过程中，当太阳能路灯完全离开地面或完全脱离承载物时,应阻止灯具在起吊过程中因底部摆动而造成灯具上端与吊车吊绳摩擦,损坏喷塑层;当灯具起调到地基正上方时,缓慢下放灯具,同时旋转灯杆,调整灯头正对路面,法兰盘上长孔对准地脚螺栓;法兰盘落在地基上后,依次套上平垫、弹垫及螺母,调节灯杆的垂直度,如果灯杆与地面不垂直可在灯杆法兰盘下垫垫片使其与地面垂直,最后用扳手把螺母均匀拧紧,拧紧前应涂抹螺纹锁固胶;撤掉起吊绳,检查太阳电池组件是否面对南面,否则进行调整。

4 照明系统调试

1)照明系统调试工艺流程

施工准备→测试各回路绝缘电阻→照明配电箱送电→按设计图分回路送电→插座及灯具测试

2)照明线路相线与地线之间、相线与零线之间、零线与地线之间的绝缘电阻值应大于 0.5MΩ。

3)送电前应检查照明器具的接线是否正确,接线是否牢固,灯具的内部线路的绝缘电阻值是否符合相关规范规定。

4)照明送电按照配电箱的顺序对照明器具进行送电,送电后,检查灯具开关是否灵活,开关与灯具控制顺序是否对应,插座的相位是否正确。

5)用漏电测试仪检测漏电保护装置,并填写漏电模拟动作测试记录。

6)分别检查各照明回路,确定回路应符合设计要求。

7)测量回路电流,确定回路电流负荷应符合设计要求。

8)送电后应检查每个插座是否存在断路、缺相、对地短路等不正常情况。

9)公用建筑照明系统通电连续试运行时间为 24h,民用住宅照明系统通电连续试运行时间为 8h。所有照明灯具均应开启,且每 2h 记录运行状态 1 次。同时测试室内照度是否与设计一致,检查各灯具发热、发光有无异常。

12.4 检测与验收

12.4.1 检测

1 材料复验项目

低压配电系统的电缆、电线截面、每芯导体电阻值进行见证取样送检。线电阻检测方法通常采用电桥法。双臂电桥测量电阻原理图见图 12.4.1。

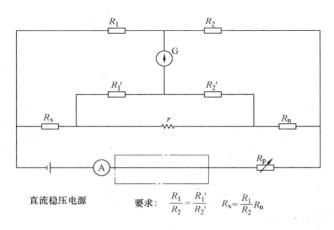

图 12.4.1 双臂电桥测量电阻原理图

2 性能核查项目

1) 荧光灯灯具和高强度气体放电灯灯具的效率见《建筑节能工程施工质量验收规范》GB 50411。

2) 管型荧光灯整流器能效限定值见《建筑节能工程施工质量验收规范》GB 50411。

3) 照明设备谐波含量限定值见《建筑节能工程施工质量验收规范》GB 50411。

3 检测项目

1) 低压配电系统供电电压允许偏差

供电电压允许偏差：三相供电电压允许偏差为标称系统电压的±7%；单相220V为+7%、-10%。

2）低压配电系统公共电网谐波电压限值

公共电网谐波电压限值为：380V的电网标称电压，电压总谐波畸变率（THDu）为5%，奇次（1～25次）谐波含有率为4%，偶次（2～24次）谐波含有率为2%。

3）低压配电系统谐波电流见表12.4.1

表12.4.1 谐波电流允许值

标准电压(kV)	基准短路容量(MVA)	谐波次数及谐波电流允许值(A)										
0.38	10	2	3	4	5	6	7	8	9	10	11	12	13
		78	62	39	62	26	44	19	21	16	28	13	24
		14	15	16	17	18	19	20	21	22	23	24	25
		11	12	9.7	18	8.6	16	7.8	8.9	7.1	14	6.5	12

4）低压配电系统三相电压不平衡度

三相电压不平衡度允许值为2%，短时不得超过4%。

第1—4项检验方法：在已安装的变频和照明等可产生谐波的用电设备均可投入的情况下，使用三相电能质量分析仪在变压器的低压侧测量。

5）三相照明配电干线的各相负荷分配

三相照明配电干线的各相负荷宜分配平衡，其最大相负荷不宜超过三相负荷平均值的115%，最小相负荷不宜小于三相负荷平均值的85%。

检验方法：在建筑物照明通电试动行时开启全部照明负荷，使用三相功率计检测各相负载电流、电压和功率。

6）照明系统的照度

不得小于设计值的90%。

7）照明系统的功率密度

功率密度应符合《建筑照明设计标准》GB 50034 中的规定。第 6—7 项检验方法：在无外界光源的情况下，检测被检区域内平均照度和功率密度。

12.4.2 验收

在验收时，应进行下列检查：

母线与母线或母线与电器接线端子，采用螺栓连接时，螺栓紧固、接触可靠。

交流单芯电缆或分相后的每相电缆品字型敷设，且卡具不使用铁磁性卡具。

在验收时应提交下列资料：

1 低压配电电源检测记录。
2 电缆电线见证取样送检测试报告。
3 配电与照明节能工程的照明光源、灯具及其附属装置应具有合格证，各项指标应符合设计要求：各种证明至少一份，并有进场施工验收记录，（监理或建设单位代表认可）。质量证明文件主要内容应有：

1）荧光灯灯具和高强度气体放电灯灯具效率。
2）管型荧光灯镇流器能效限定值。
3）照明设备谐波含量限值。

4 照度及功率密度值测试记录。
5 照明配电干线测试记录。
6 母线连接螺栓测试记录。

13 监测与控制节能工程

13.1 一般规定

13.1.1 本章适用于采暖、通风与空气调节和配电与照明所采用的监测与控制系统、能耗计量系统、建筑能源管理系统及可再生能源利用、建筑冷热电联供系统、能源回收利用和其他与节能相关的建筑设备监控部分等的施工。

13.1.2 监测与控制系统的实施应满足《公共建筑节能设计标准》GB 50189、《建筑节能工程施工质量验收规范》GB 50411、《建筑工程施工质量验收统一标准》GB 50300 及《智能建筑工程质量验收规范》GB 50339、《建筑电气工程施工质量验收规范》GB 50303、《通风与空调工程施工质量验收规范》GB 50243、《建筑给水排水及采暖工程施工质量验收规范》GB 50242 以及其他国家、行业相关规范的要求。

监测与控制系统的范围包括空调与通风系统、变配电系统、公共照明系统、给水排水系统、热源与热交换系统、冷冻和冷却水系统、电梯和自动扶梯系统等子系统。各子系统的施工应依据批准的深化设计文件、控制流程图、产品说明书及施工方案等技术文件进行，并应进行技术交底。

监测与控制系统的材料、仪器配置应符合下列要求：

1 各类计量器具应在安装前检定合格，使用时在有效期内。
2 监测与控制的前端设备主要包括网络控制器、计算机、不间断电源、打印机、控制台等。
3 监测与控制的终端设备主要包括各类传感器、仪表、阀门及其执行器、变频器等。

4 监测与控制的传输部分主要包括电线电缆、控制箱等。
5 宜将监测与控制的传输部分的电线电缆敷设在金属管路内、控制模块安装在金属箱体中。

13.2 建筑节能工程监测与控制的设计要求

13.2.1 监测与控制节能工程施工图的基本要求

1 土建施工所需预留孔洞、预埋件和线槽、桥架的定位、尺寸以及走向的工艺和敷设要求；弱电竖井的大小和布置；中央控制室的位置、大小、平面布置要求；现场控制器、监控点的定位及安装要求；系统配线规格和布线要求；系统设备线路端接的编号和方式。

2 根据土建专业提供的图纸绘制建筑物各分层的建筑平面图作为施工平面图，施工平面图上应标明现场控制器、辅助接线箱、温湿度传感器、阀门等安装位置，表明线路走向、引入线方向以及安装配线方式（如预埋管、线槽、桥架等）。特别是各类传感器在机电设备上的具体安装位置应画出局部剖面图。

3 竣工验收时的竣工图纸应包括：设计说明、系统结构图、各子系统控制原理图、设备布置及管线平面图、控制系统配电箱电气原理图、DDC控制器端子接线图、相关监控设备电气接线图、中央控制室设备布置图、设备清单、监控点（I/O）表等。并注意施工图设计文件的深度和完整性。

13.2.2 建筑节能工程监测与控制的主要项目

表 13.2.2 建筑节能工程监测与控制的主要项目

类型	序号	系统名称	功能监测与控制功能	备注
通风与空气调节控制系统	1	空气处理系统控制	空调箱手、自动状态显示 空调箱启、停状态及故障显示 过滤器报警 风机故障报警 冷(热)水流量调节 加湿器控制	

续表

类型	序号	系统名称	功能监测与控制功能	备注
通风与空气调节控制系统	1	空气处理系统控制	与消防自动报警系统联动 空气-水定风量系统： ——风门控制 ——送风温、湿度检测 全空气定风量系统： ——焓值控制 ——过渡季节新风温度控制 ——最小新风量控制(风阀调节) ——回风温、湿度检测 ——二氧化碳浓度检测	
	2	变风量空调系统控制	送风压力检测 风机变频调速 外区加热系统控制 智能化变风量末端装置控制 送风温度控制 焓值控制 回风湿度检测 新风量控制 风机控制策略： ——总风量调节 ——变静压控制 ——定静压控制	
	3	通风系统控制	风机手、自动状态显示 风机启、停控制状态显示 风机故障报警 风机排风排烟联动 地下车库一氧化碳浓度控制 根据室内外温差中空玻璃幕墙通风控制	
	4	风机盘管系统控制	室内温度检测 冷热水量开关控制	
冷热源、空调水的监测控制	1	制冷机组控制	运行状态、故障状态监视 启停程序控制与连锁控制 台数最佳控制(机组群控) 机组运行时间均衡控制	能耗计量
	2	变制冷剂流量空调系统控制		能耗计量

续表

类型	序号	系统名称	功能监测与控制功能	备注
冷热源、空调水的监测控制	3	冰蓄冷系统控制	运行状态、故障状态监视 启停控制 制冰/蓄冰控制 制冷机水流监测 温度检测 对设备(冷机、蓄冰箱、乙二醇泵、冰水泵、冷却水泵、冷却塔、软水装置、膨胀水箱等)的监控	蓄冰量检测、能耗累计
	4	热源系统控制	锅炉系统： ——台数控制 ——燃烧负荷控制 ——锅炉循环泵监控 换热器二次侧供回水压差控制(换热器二次侧供回水流量控制)： ——旁通阀控制 ——换热器二次侧变频泵控制 换热器一次侧供回水温度监视 换热器二次侧供水温度控制(换热器一次侧回水流量控制) 换热器二次侧供回水温度监视 换热器二次侧供回水压力监视 换热站其他控制	能耗计量
	5	冷冻水系统控制	回水温度检测与控制 供回水流量控制 水泵水流开关检测 冷冻机组蝶阀控制 冷冻机组蝶阀开/关状态检测 冷冻机组冷冻水侧温度检测 冷冻水循环泵启停控制和状态显示(二次冷冻水循环泵变频调速) 冷冻水循环泵过载报警 供回水压力监视 供回水压差控制(旁通阀或二次泵变频控制)	冷源负荷监视 能耗计量
	6	冷却水系统控制	冷冻机组冷却水侧温度检测 冷却水供、回水温度检测 冷却水泵启停控制和状态显示 冷却水泵变频调速 冷却水循环泵过载报警 冷却塔风机启停控制和状态显示 冷却塔风机台数控制及变频调速冷却塔风机故障报警 冷却塔排污控制	能耗计量

续表

类型	序号	系统名称	功能监测与控制功能	备注
供配电系统监测	1	供配电系统监测	功率因数控制 电压、电流、功率、频率、谐波、功率因数检测 中/低压开关状态显示 中/低压开关故障报警 变压器温度检测与报警	用电量计量
照明系统控制	1	照明系统控制	照明的控制方式： 　—磁卡 　—传感器 　—开关 　—时间表控制等 根据室内照度进行调节的照明控制： 　—办公区照度控制 　—自然采光控制 　—公共照明区(减半)开关控制 　—局部照明控制 　—室内场景设定控制 室外景观照明场景设定控制 路灯时间表及亮度开关控制 照明的全系统优化控制	照明系统用电量计量
综合控制系统	1	综合控制系统	建筑能源系统的协调控制 采暖、空调与通风系统的优化监控	
建筑能源管理系统的能耗数据采集与分析	1	建筑能源管理系统的能耗数据采集与分析	管理软件功能检测	

13.2.3 通风与空调系统监测与控制的基本要求

1 集中采暖与空气调节系统的监测与控制内容应包括参数检测、参数与设备状态显示、自动调节与控制、工况自动切换、能量计量及中央监控与管理等，具体内容应根据建筑功能、相关标准、系统类型等通过技术经济比较确定。

2 间歇运行的空气调节系统，宜设自动启停控制装置；控制装置应具备按预定时间进行最优启停的功能。

3　对建筑面积 20000m² 以上的全空气调节建筑，在条件允许的情况下，空气调节系统、通风系统以及冷、热源系统宜采用直接数字控制系统。
　　4　总装机容量较大、数量较多的大型工程冷、热源机房宜采用机组群控方式。
　　5　以排除房间余热为主的通风系统，宜设置通风设备的温控装置。
　　6　地下停车库的通风系统，宜根据使用情况对通风机设置定时启停（台数）控制或根据车库内的 CO 浓度进行自动运行控制。
　　7　采用集中空气调节系统的公共建筑，宜设置分楼层、分室内区域、分用户或分室的冷、热量计量装置；建筑群的每栋公共建筑及其冷、热源站房，应设置冷、热量计量装置。
　　8　散热器供暖系统应按照设计要求安装恒温阀等调节控制阀门，应能完成阻力预设定和温度限定工作并统一设定在设计温度范围内。
　　9　采用二次泵系统的空气调节水系统，其二次泵应采用自动变速控制方式。
　　10　对末端变水量系统中的风机盘管，应采用电动温控阀和三档风速结合的控制方式。
13.2.4　冷、热源系统监测与控制的基本要求
　　1　对系统冷、热量的瞬时值和累积值进行监测，冷水机组优先采用由冷量优化控制运行台数的方式。
　　2　冷水机组或热交换器、水泵、冷却塔等设备连锁启停。
　　3　对供、回水温度及压差进行控制或监测。
　　4　对设备运行状态进行监测及故障报警。
　　5　技术可靠时，宜对冷水机组出水温度进行优化设定。
冷冻系统监控原理图、热交换系统监控原理图见图13.2.4-1、图13.2.4-2。

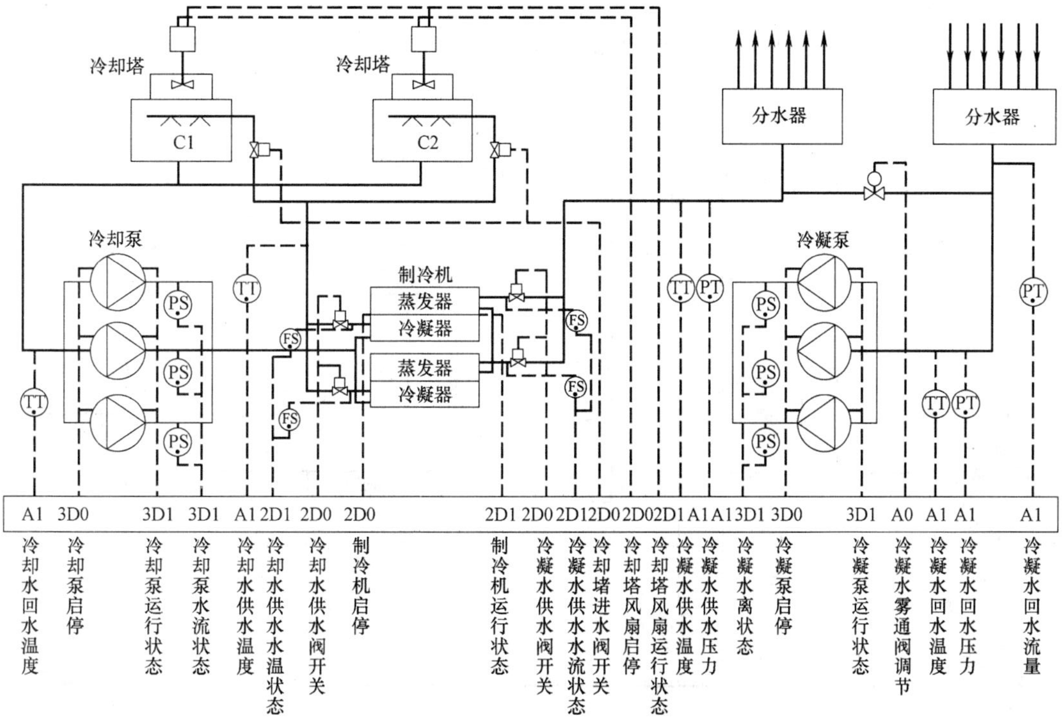

图 13.2.4-1 冷冻系统监控原理图

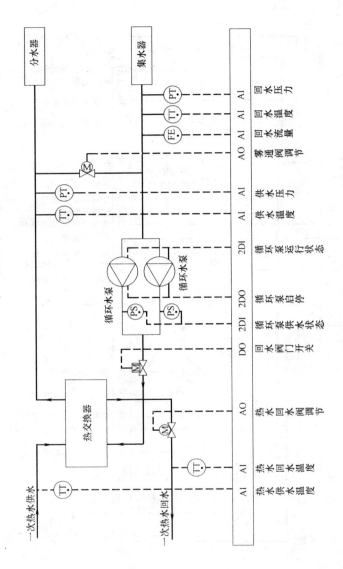

图 13.2.4-2 热交换系统监控原理图

13.2.5 空气调节冷却水系统监测与控制的基本要求

1 冷水机组运行时，冷却水最低回水温度的控制。

2 冷却塔风机的运行台数控制或风机调速控制。

3 采用冷却塔供应空气调节冷水时的供水温度控制。

4 排污控制。

13.2.6 空气调节风系统（包括空气调节机组）监测与控制的基本要求

1 空气温、湿度监测和控制。

2 采用定风量全空气调节系统时，宜采用变新风比焓值控制方式。

3 采用变风量系统时，风机宜采用变速控制方式。

4 设备运行状态的监测及故障报警。

5 需要时设置盘管防冻保护。

6 过滤器超压报警或显示。

空调机组监控原理图见图 13.2.6。

13.2.7 变配电监控系统监测的基本要求

1 变配电系统的监控应对电气参数和电气设备工作状态进行监测、检测，利用工作站读取并记录电压、电流、有功（无功）功率、功率因数、用电量等各项参数，显示电力负荷及各参数的动态图形。

2 对高低压配电柜的运行状态、变压器的温度、应急发电机组的工作状态、储油罐的液位、蓄电池组及充电设备的工作状态、不间断电源的工作状态等进行监测。

3 高低压配电柜、配电箱等设备的二次线路设计必须满足监测、运行状态与报警的要求。

13.2.8 照明系统控制的基本要求

1 应按功能的不同进行分区控制。

2 普通办公区：对大空间为主的普通办公区，可分成若干独立的照明区域，采用网络开关实现多点控制；在每个出入口可

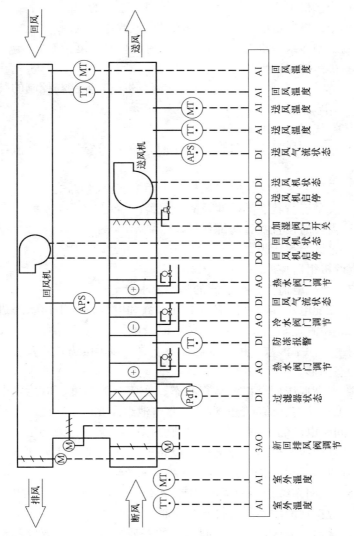

图 13.2.6 空调机组监控原理图

控制整个办公区的灯,方便就近控制,同时可根据时间进行控制,如平时晚8点自动关灯,也可切换为手动开关灯。

3 高级办公区:高级办公区可采取场景控制、遥控、调光控制等,通过编程进行预设置,使用时通过单键操作。

4 功能区照明:会议室、多功能厅等场所通过场景设置可将其设定为会议报告状态、多媒体会议状态、娱乐休息状态、清扫状态等,真正使多功能场所在照明上实现多功能化。

5 辅助区照明:作为辅助区的大厅、走廊、楼梯间、洗手间等场所,使用比较频繁、时间性强,以时间控制为主并结合安装红外感应器等方式以达到节约能源的目的。

13.3 材料与设备

1 设备在进场时应提供控制器、执行器、中央管理计算机、UPS、电缆等功能检测报告。

2 产品功能、性能等项目的检测应按照相应的现行国家产品标准进行,有特殊要求的产品可按照合同规定或设计要求进行。

3 硬件设备及材料的检测应主要包括安全性、可靠性及电磁兼容性等项目,可靠性检测也可参考厂家出具的可靠性检测报告。

4 操作系统、数据库管理系统、应用系统软件、信息安全软件和网管软件应具有使用许可证。

5 由系统承包商编制的用户应用软件、用户组态软件及接口软件等应用软件要进行功能性测试和系统测试,并进行容量、可靠性、安全性、可恢复性、兼容性、自诊断等功能测试,保证软件的可维护性。

6 系统接口测试应保证接口性能符合设计要求,实现接口规范中规定的各项功能,不发生兼容性及通信瓶颈问题。

13.4 施工技术要点

13.4.1 工艺流程

13.4.2 技术要点

1 线缆敷设

1）预埋金属线槽、过线盒、接线盒及桥架表面应镀层均匀、完整、不得变形、损坏；管材采用钢管，管身应光滑、无伤痕，管孔无变形，孔径、壁厚符合设计要求。

2）金属桥架安装前，根据设计图纸、专业技术交底及吊顶内综合管网图要求，从水平安装始端（弱电竖井）至终端找好水平及垂直线，用粉袋弹线定位，并根据桥架固定要求，分匀档距标出桥架支、吊架、吊杆的固定位置。

3）桥架在穿防火分区时，必须对桥架与建筑物之间的缝隙做防火处理；桥架敷设完后，对桥架进行接地，线槽上设置接地端子，通过金属软铜带与接地母线连接，桥架连接处应用铜芯线做导电连接。

4）网络通信线和信号线不得与电源线共管敷设；当必须作无屏蔽平行敷设时，间距不小于0.3m。

5）高层建筑内通信干路在竖井内与其他线路平行敷设时，间距不小于0.3m。

2 中央控制室设备安装

1）设备在安装前应检查外形是否完好无损、内外表面漆层是否完好；设备外形尺寸、设备内主板及接线端口的型号、规格是否符合设计要求,备品备件是否齐全。

2)按照图纸连接主机、不间断电源、打印机、网络控制器等设备。

3)设备安装应紧密、牢固,安装用的紧固件应做防锈处理。

4)设备底座应与设备相符,其上表面应保持水平。

5)交流供电设备的外壳及基础应可靠接地,接地电阻不应大于 1Ω。

6)各子系统通信接口、协议应符合国家标准;各计算机设备之间的数据信息、视频信号、音频信号、控制与监视信号等应匹配;各子系统之间应用软件界面确认;系统通信应可靠;各系统电磁兼容;系统有过电压保护措施。

3 现场控制器安装

1)现场控制器接线应按照图纸和设备说明书进行,并在电缆芯线和所配导线的端部对线缆进行编号,字迹清晰不易褪色;配线应整齐,避免交叉,并应固定牢靠;端子板的每个接线端接线不应超过 2 根,电缆芯和导线应留有不小于 200mm 的余量。

2)控制器接地应牢固,并有明显标志。

4 传感器、执行器的安装

涉及节能控制的关键传感器应预留检测孔或检测位置,管道保温时应做明显标注。

5 温、湿度传感器的安装

1)温、湿度传感器应安装在便于调试、维修的地方,远离有较强振动、电磁干扰的区域,不应安装在有阳光直射的位置。

2)空调区域温、湿度传感器的安装位置应尽可能远离窗、门和出风口的位置,与之距离不应小于 2m。

3)室外型温、湿度传感器应有防风雨的防护罩;并列安装的传感器距地高度应一致,高度差不应大于 1mm,同一区域内高度差不应大于 5mm。

4）温度传感器至现场控制器之间的连接应符合设计要求，尽量减少因接线产生的误差，对于镍温度传感器的接线电阻值应小于 3Ω，1kΩ 铂温度传感器的接线总电阻值应小于 1Ω。

5）风管型温、湿度传感器应安装在风速平稳、能反映温、湿度变化的位置；风管型温、湿度传感器应在风管保温层完成后安装在风管直管段或应避开风管死角的位置和蒸汽放空口位置；应安装在便于调试、维修的地方。

6）水管温度传感器宜在暖通水管路完成后进行安装；其开孔与焊接工作必须在工艺管道防腐、衬里、吹扫和压力试验前进行；其安装位置应在水流温度变化灵敏和具有代表性的地方，不宜选择在阀门等阻力件附近和水流流束死角和振动大的位置；水管温度传感器宜安装在管道的侧面或底部，不宜安装在竖管上；不宜在管道焊缝及其边缘上开孔和焊接；感温段大于管道口径的 1/2 时，可安装在管道顶部；感温段小于管道口径 1/2 时，应安装在管道侧面或底部。

6 压力、压差传感器和压差开关的安装

1）压力、压差传感器宜安装在便于调试、维修的位置。

2）压力、压差传感器应安装在温、湿度传感器的上游侧；蒸汽压力检测应安装环形隔压附件，蒸汽压力传感器应安装在管道顶部或下半部与工艺管道水平中心线成 45°夹角的范围内，位置应选在蒸汽压力稳定的地方，不宜选在阀门等阻力部件的附近或蒸汽流动呈死角处以及振动较大的地方。

3）风管压力、压差传感器应在风管保温层完成前安装；应安装在风管的直管段，如不能安装在直管段则应避开风管内通风死角和蒸汽排放口的位置。

4）水管压力、压差传感器应在暖通水管路完成后进行安装；其开孔与焊接工作必须在工艺管道防腐、衬里、吹扫和压力试验前进行；水管压力、压差传感器不宜在管道焊缝及其边缘上开孔和焊接；水管压力、压差传感器宜安装在管道底部和水流流速稳定的位置，不宜安装在阀门附近、水流流束死角和振动较大的位置；其直管段大于管道口径的 2/3 时可安装在管道顶部；小于管道 2/3 时可安装在侧面或底部和水流流速稳定的位置；高压水管传感器应装在进水管侧，低压水管传感器应装在回水管侧。

5）风压压差开关的安装应在做风管保温层前完成安装；宜安装在便于调试、维修的位置，避开蒸汽排放口，并将薄膜处于垂直于平面的位置；安装完毕后应做密闭处理；风压压差开关的线路应通过软管与压差开关连接。

7 流量传感器的安装

1）流量传感器应安装在测压点上游距测压点 3.5～5.5 倍管道外径的位置，测温应设置在下游侧，距流量传感器 6～8 倍管道外径的位置。

2）电磁流量计应避免安装在有较强的交直流磁场或有剧烈振动的场所；应设置在流量调节阀的上游，流量计的上、下游应有一定的直管段；在垂直的工艺管道安装时液体流向自下而上，以保证导管内充满被测液体或不致产生气泡；水平安装时必须使电极处在水平方向，以保证测量精度。

3）涡轮式流量传感器宜安装在便于维修并避开强磁场、剧烈振动及热辐射的场所；其安装时要水平，流体的流动方向必须与传感器壳体上所示的流向标志一致，如果没有标志，按照流体的进口端导流器比较尖、中间有圆孔及流体的出口端导流器不尖、中间没有圆孔判断；当可能产生逆流时，流量传感器后面装设止回阀；流量传感器需要装在一定长度的直管上，以确保管道内流速平稳，其上游应留有 10 倍管径长度的直管，下游留 5 倍管径长度的直管，若传感器前后的管道中安装有阀门和管道缩径、弯管等影响流量平稳的设备，则直管段的长度还需相应调整；信号的传输线宜采用屏蔽和绝缘保护层的线缆，线缆的屏蔽层宜在现场控制器侧一点接地。

8 风机盘管温控器、电动阀的安装

1)温控开关与其他开关并列安装时,距地面高度应一致,高度差不应大于1mm;温控开关外型与其他开关不一样时,以距底边高度为准。

2)电动阀阀体上箭头的指向应与介质流动方向一致;风机盘管电动阀应安装在风机盘管的回水管上;四管制风机盘管的冷热水管电动阀共用线应为零线;

3)客房节能系统中的风机盘管温控系统应与节能系统连接。

9 电磁阀、电动阀安装

1)电磁阀、电动阀安装前应按照安装使用说明书的规定检查线圈与阀体间的绝缘电阻值,并进行模拟动作和试压试验。

2)空调器的电磁阀、电动阀一般安装时应考虑设置旁通管路,以便在检修或发生故障时可以进行手动操作。

3)电磁阀、电动调节阀安装时应使介质流向与阀体流向标识一致,如阀的公称通径与管道通径不一致时,应采用渐缩管件,安装时,接合处不允许有松动间隙;同时电动阀口径一般不低于管道口径两个等级。

4)执行机构应固定牢固,操作手轮应处于便于操作的位置,并注意安装的位置便于维修、拆装;执行机构的机械传动应灵活,无松动或卡涩现象。

5)电磁阀、电动阀的阀位指示装置应面向便于观察的位置;阀体上箭头的指向应与介质流动方向一致,并应垂直安装于水平管道上,严禁倾斜安装。

6)电磁阀、电动阀一般安装在回水管道。

7)电动调节阀安装时,应避免给调节阀带来附加应力,以免因自重的影响使调节阀变形及破损,当调节阀安装在管道较长的地方时,应安装支承架,特别是用在振动剧烈的场合必须辅以支撑或采取相应的避振措施。大口径的调节阀安装时应避免倾斜,因阀芯自重较大,将偏向一侧,加大阀芯与衬套之间的机械磨损，填料部分易泄漏，对此应特别注意。

8）安装于室外的电磁阀、电动阀应加防护罩。

9）电动调节阀在安装后，在管道冲洗前应将阀体完全打开，当阀处于最大开度时清洗管道，清除污物，以免运行时发生卡滞现象或损坏阀芯、阀座。

10 风阀控制器的安装

1）风阀控制器在安装前应按安装使用说明书的规定检查工作电压、控制输入、线圈和阀体间的电阻等，应符合设计和产品说明书的要求；风阀控制器与风阀门轴的连接应固定牢固，风阀控制器在安装前应进行模拟动作试验。

2）风阀控制器上的开闭箭头的指向应与阀门开闭方向一致；风阀的机械机构开闭应灵活，无松动或卡涩现象。

3）风阀控制器不能直接与风门挡板轴相连接时，可通过附件与挡板轴相连，但附件装置必须保证风阀控制器旋转角度的调整范围。

4）风阀控制器应与风阀门轴垂直安装，垂直角度不小于85°。

5）风阀控制器的输出力矩必须与风阀所需要的相匹配，符合设计要求。

6）风阀控制器安装后，风阀控制器的开闭指示位置应与风阀实际状况一致，风阀控制器宜面向便于观察的位置。

11 散热器恒温阀安装

1）其阀头和温包不得被破坏或遮挡，应能够正常感应室温并便于调节，温包内置式恒温阀的阀头应水平安装。

2）安装散热器应采用温包外置式恒温阀，温包应处于空气流通且能正确反映房间温度的位置。

12 热能表的安装

1）应保证表前表后有足够的直管段，直管段长度应满足产品具体的技术要求，在没有特别说明的情况下，直管段最小长度应为表上游 5 倍管径、下游 2 倍管径。

2）热能表不得被破坏或遮挡，温度传感器应按照相关要求插到管道中心范围，传感器连线和接头应处于不易破坏的安全位置，供、回水温度传感器安装位置不得颠倒。

3）安装于制冷机房、热力站、锅炉房或水泵附近的热能表不应受电磁干扰的影响，读数应正常合理。

13　照明控制系统安装

1）配电箱安装：配电箱体应安装牢固方正，倾斜度小于 1‰；体高 500mm 以下箱体的垂直偏差为 1.5mm，体高 500mm 以上箱体的垂直偏差为 3mm；保证箱门能开启自如；盘盖应紧贴墙面四周无缝隙；配电箱应有铭牌，回路编号齐全、正确并清晰；安装位置符合设计要求，箱体内外清洁、无损伤；箱体开孔合适，做到一管一孔，应利用敲落孔或用机械开孔，严禁用电焊或气割开孔；施工中若导线被剪断，应将断线拉掉重新穿线。

2）地线：箱内地线排宜用软导线与盘接地端子相连；保护地线的截面应符合规定；各保护地线应与接地母排相连，严禁串联；地线汇流排应用一根软铜线（黄绿花线）与壳体接地螺栓相连；配线管应与箱体的接地螺栓连接在一起，保证接地畅通良好。

3）办公室的最佳光照度应为 400lx，照明控制系统智能传感器感应据此感应室外光线，自动调节光照度。对学校的教室，可在靠窗与靠墙处分别加装传感器，当室外光线强时自动将靠窗的灯光减弱或关闭及根据靠墙传感器调整靠墙的灯光亮度；当室外光线变弱时，传感器会根据感应信号调整灯的亮度到预先设置的光照度值。

14　供配电的监测和数据采集系统安装

1）设备接地：电量变送柜或开关柜外壳及其金属管的外接管应有接地跨接线，外壳应有良好的接地，满足设计及有关规范要求。

2）变送器安装：检测设备的 CT、PT 输出端通过电缆接入电量变送器柜，必须按设计和产品说明书提供的接线图接线，并检查其量程是否匹配，再将其对应的输出端接入现场控制器相应的监测端并检查量程是否匹配；变送器接线时严禁其电压输入端短路和电流输出端开路，通电前必须检查其通断；必须检查变送器的输入、输出端的范围与设计和现场控制器所要求的信号是否相符。

13.4.3　现场施工质量检验

1　现场施工质量的检查应符合《建筑电气工程施工质量验收规范》GB 50303 和《智能建筑工程质量验收规范》GB 50339，以及设计文件和产品技术文件的要求。

2　采用观察法及现场测量，现场设备如传感器、执行器、控制箱的安装质量符合设计要求；检测传感器采样显示值与现场实际值的一致性，其精度应符合设计及产品技术文件要求；控制器、电动风阀、电动水阀、变频器等控制设备的有效性、正确性和稳定性应满足合同技术文件及控制工艺对设备性能的要求。

13.4.4　现场施工应注意的问题

1　导线压接松动、反圈、绝缘电阻低的，应重新压牢松动的导线、按顺时针方向调整反圈，找出绝缘电阻低的原因并处理，否则不能投入使用。

2　压接导线时应认真测各回路的绝缘电阻，如造成调试困难的应拆开压接导线重新复核，直至准确无误。

3　传感器、控制器等设备被污染的应将其清理干净。

4　现场控制器与各种配电箱、控制柜之间的接线应严格按照图纸施工，严防强电串入现场控制器。

5　严格检查系统接地电阻值及接线，消除或屏蔽设备与连线附近的干扰源，防止通信不正常。

6　计量制冷量的热量表应按要求进行保温，不得造成计算仪内部结露；热能表内部时钟应调整设定与当地时间一致。

13.5 系统检测

13.5.1 分系统进行具体检测功能的描述

1 空调与通风系统功能检测

1）对空调系统进行温湿度及新风量自动控制、预定时间表自动启停、节能优化控制等。

2）着重检测系统测控点（温度、相对湿度、压差和压力等）与被控设备（风机、风阀、加湿器及电动阀门等）控制的稳定性、相应时间和控制效果，并检测设备连锁控制和故障报警的正确性。

2 热源和热交换系统功能检测

1）进行系统负荷调节、预定时间表自动启停和节能优化控制。

2）通过工作站或现场控制器对热源和热交换系统的设备运行状态、故障等的监视、记录与报警进行检测，并检测对设备的控制功能。

3）核实热源和热交换系统能耗计量与统计资料。

3 冷冻和冷却水系统功能检测

1）对冷水机组、冷冻冷却水系统进行系统负荷调节、预定时间表自动启停和节能优化控制。

2）通过工作站对冷水机组、冷冻冷却水系统设备控制和运行参数、状态、故障等的监视、记录与报警情况进行检查，并检查设备运行的联动情况。

3）核实冷冻水系统能耗计量与统计资料。

4 变配电系统功能检测

1）对变配电系统的电气参数和电气设备的工作状态进行检测。

2）利用工作站数据读取和现场测量的方法对电压、电流、有功（无功）功率、功率因数、用电量等各项参数的测量和记录进行准确性和真实性检查。

3）显示的电力负荷及上述各参数的动态图形能比较准确地反映参数变化情况，并对报警信号进行验证。

5 公共照明系统功能检测

1）对公共（公共区域、走道、园区和景观）照明设备进行监控。

2）以光照度、时间表等为控制依据，设置程序控制灯组的开关，检测控制动作的正确性，并检查手动开关功能。

13.5.2 检测的时间要求

监测与控制节能工程的检测应在系统试运行连续投运时间不少于1个月后进行，不间断试运行时间不少于168h。

13.5.3 检测的数量要求

1 现场设备安装质量检查

1）传感器：每种类型传感器抽检20%且不少于10台，传感器数量少于10台时全部检查。

2）执行器：每种类型执行器抽检20%且不少于10台，执行器少于10台时全部检查。

3）控制箱（柜）：各类控制箱（柜）抽检20%且不少于10台，少于10台时全部检查。

2 系统功能检测

1）空调与通风系统：抽检数量为每类机组按总数的20%抽检，且不少于5台，每类机组不足5台时全部检测。

2）热源与热交换系统：全部检测。

3）冷冻与冷却水系统：全部检测。

4）公共照明系统：按照明回路总数20%抽检，数量不少于10路，总数少于10路时全部检测。

5）变配电系统：按每类参数抽检20%，且数量不少于20点，数量少于20点时全部检测。

13.5.4 检测的内容

1 新风机单体设备检测

1)检查新风机控制柜的全部电气元器件有无损坏,内部与外部接线是否正确,严防强电电源串入现场控制器。

2)按监控点表要求,检查装在新风机上的温、湿度传感器、电动阀、风阀、压差开关等设备的位置、接线是否正确,并检查输入、输出信号的类型、量程是否与设计一致。

3)在手动位置确认风机在手动控制状态下已运行正常。

4)确认现场控制器和 I/O 模块的地址码设置是否正确。

5)确认现场控制器送电并接通主电源开关后观察现场控制器和各元件状态是否运行正常。

6)用笔记本电脑或手提检测器检测所有模拟量输入点包括送风温度和风压量值,并核对其数据是否正确。记录所有开关量输入点(风压开关和防冻开关等)工作状态是否正常。强制所有的开关量输出点开与关,确认相关的风机、风门、阀门等工作是否正常。强制所有模拟量输出点、输出信号,确认相关的电动阀门(冷热水调节阀)的工作是否正常及其位置调节是否跟随变化,并打印记录结果。

7)启动新风机,新风阀门应连锁打开,送风温度调节控制应投入运行。

8)模拟送风温度大于送风温度设定值,热水调节阀逐渐减小开度直至全部关闭(冬天工况);或者冷水阀逐渐加大开度,直至全部打开(夏天工况)。模拟送风温度小于送风温度设定值时,确认其冷热水阀运行工况与上述完全相反。

9)模拟送风湿度小于送风湿度设定值时,加湿器运行进行湿度调节。

10)新风机停止运转,则新风门以及冷、热水调节阀门、加湿器等应回到全关闭位置。

11)单体调试完成时,应按工艺和设计要求在系统中设定其送风温度、湿度和风压的初始状态。

12）对于四管制新风机，参照上述步骤进行。

2 空气处理机单体设备检测

1）启动空调机时，新风门、回风门、排风门等应联动打开进入工作状态。

2）空调机启动后，回风温度应随着回风温度设定值改变而变化，在经过一定时间后应能稳定在回风温度设定值范围之内。

3）如果回风温度跟踪设定值的速度太慢，可以适当提高比例积分微分调节器（PID）的放大作用；如果系统稳定后，回风温度和设定值的偏差较大，可以适当提高 PID 调节的积分作用；如果回风温度在设定值上下明显地做周期性波动，其偏差超过范围，则应先降低或取消微分作用，再降低比例放大作用，直至系统稳定为止。

4）PID 参数调节的原则是：首先保证系统稳定，其次满足其基本的精度要求；各项参数值设置精度不宜过高，应避免系统振荡，并有一定余量。当系统调试不能稳定时，应考虑有关的机械或电气装置中是否存在妨碍系统稳定的因素，做仔细检查并排除这样的干扰。

5）如果空调机是双环控制，那么内环以送风温度作为反馈值，外环以回风温度作为反馈值，以外环的调节控制输出作为内环的送风温度的设定值。一般内环为 PI 调节，不设置微分参数。

6）空调机停止转动时，新风机风门、排风门、回风门、冷热水调节阀、加湿器等应回到全关闭位置。

7）变风量空调机应按控制功能采取变频或分档变速，确认空气处理机的风量、风压随风机的速度相应变化。当风压或风量稳定在设计值时，风机速度应稳定在某一点，并按设计和产品说明书的要求记录 30%、50%、90% 风机速度时相对应的风压或风量（变频、调速）；还应在分档变速时测量其相应的风压与风量。

8) 模拟控制新风门、排风门、回风门的开度限位应满足空调风门开度要求。

3 空调冷热源设备检测

1) 按设计和产品技术说明书规定，在确认主机、水泵、冷却塔、风机、电动蝶阀等相关设备单独运行正常情况下，通过进行全部 AO、AI、DO、DI 点的检测，确认其满足设计和监控点表的要求。启动自动控制方式，确认系统各设备可以按设计和工艺要求的顺序投入运行、关闭、自动退出运行。

2) 增加或减少空调机运行台数，增加其冷热负荷，检验平衡管流量的方向和数值，确认能启动或停止的冷热机组的台数能满足负荷需要。

3) 模拟一台设备故障停运以及整个机组停运，检验系统是否自动启动一个备用的机组投入运行。

4 变风量系统末端装置单体检测

1) 按设计图纸要求检查变风量系统末端、变风量系统控制器、传感器、阀门、风门等设备安装和变风量控制器电源、风门和阀门的电源是否正确。

2) 用变风量系统控制器软件检查传感器、执行器工作是否正常。

3) 用变风量系统控制软件检查风机运行是否正常。

4) 测定并记录变风量系统末端一次风最大流量、最小流量及二次风流量是否满足设计要求。

5) 确认变风量系统控制器与上位机通信正常。

5 风机盘管单体检测

1) 检查电动阀门和温度控制器的安装和接线是否正确。

2) 确认风机和管路已处于正常运行状态。

3) 观察风机在高、中、低三速的状态下风机、阀门工作是否正常。

4）操作温度控制器的温度设定按钮和模式设定按钮，风机盘管的电动阀应有相应的变化。

5）如风机盘管控制器与现场控制器相连，则应检查主机对全部风机盘管的控制和监测功能（包括设定值修改、温度控制调节和运行参数）。

6 空调水二次泵及压差旁通检测

1）如果压差旁通阀门采用无位置反馈，则应做如下测试：打开调节阀驱动器外罩，观测并记录阀门从全关到全开所需时间和全开到全关所需时间，取此两者较大者作为阀门"全行程时间"参数输入现场控制器输出点数据区。

2）按照原理图和技术说明进行二次泵压差旁通控制的调试。先在负载侧全开一定数量的调节阀，其流量应等于一台二次泵额定流量，接着启动一台二次泵运行，然后逐个关闭已开的调节阀，检验压差旁通阀门旁路。在上述过程中应同时观察压差测量值是否基本稳定在设定值范围内。

3）按照原理图和技术说明检验二次泵的台数控制程序是否能按预定要求运行。其中负载侧总流量先按设备参数规定，这个数值可在经过一年的负载高峰期获得实际峰值后结合每台二次泵的负荷适当调整。在发生二次泵台数启停切换时应注意压差测量值也应基本稳定在设定范围内。

4）检验系统的连锁功能：每当有一次机组在运行，二次泵便应同时投入运行，只要有二次泵在运行，压差旁通控制便应同时工作。

7 变配电、照明系统检测

1）按图纸和变送器接线要求检查变送器与现场控制器、配电箱、柜的接线是否正确、量程是否匹配，检查通信接口是否符合设计要求。

2）利用工作站数据读取和现场测量的方法对电压、电流、有功（无功）功率、功率因数、用电量等各项参数的测量和记录的准确性和真实性进行检查。

3）按照明系统设计和监控要求检查控制程序、时间和分区方式是否正确。

4）检查对照明系统控制动作的正确性，并检查手动开关功能。

5）检查柴油发电机组及相应的控制箱、柜的监控是否正常。

6）对电压、电流、有功（无功）功率、功率因数、用电量等各项参数的图形显示功能进行验证。

7）对报警信号进行验证。

8 系统联调

1）控制中心设备的接线检查：按系统设计图纸要求检查主机与网络器、开关设备、现场控制器、系统外部设备（包括电源UPS、打印设备等）、通信接口（包括与其他子系统）之间的连接、传输线型号规格是否正确。通信接口的通信协议、数据传输格式、速率等是否符合设计要求。

2）系统通信检查：主机及其相应设备通电后，启动程序检查主机与本系统其他设备通信是否正常，确认系统内设备无故障。

3）对整个系统监控性能和联动功能进行测试，要求满足设计图纸及系统监控点表要求。

13.5.5 检测的方式

1 现场控制器的检测

1）数字量输入

（1）信号电平的检查：按设备说明书和设计要求确认若干接点输入和电压、电流等信号是否符合要求。

（2）动作试验：按不同信号要求，用程序方式或手动方式对全部测点进行测试并将测试值记录下来。

2）数字量输出

（1）信号电平检查：按设备说明书和设计要求确认继电器开

关量的输出起/停（ON/OFF）、输出电压或电流开关特性是否符合要求。

（2）动作试验：用程序方式或手动方式测试全部数字量输出，记录其测试数值并观察受控设备的电气控制开关工作状态是否正常、受控设备运行是否正常。

3）模拟量输入

按设备说明书和设计要求确认有源或无源的模拟量输入的类型、量程（容量）、设定值（设计值）是否符合规定。

4）模拟量输出

按设备说明书和设计要求确定模拟量输出的类型、量程（容量）、设定值（设计值）是否符合规定。

5）功能检测

按产品说明书和设计要求进行运行可靠性、软件主要功能及其实时性测试。

2 对经过试运行的项目进行全部检查

1）对各监控回路分别进行自动控制投入、自动控制稳定性、监测控制各项功能、系统连锁和各种故障报警试验。

2）调出计算机内的全部试运行历史数据、控制流程图，通过查阅现场试运行记录和对比试运行历史数据进行分析，确定监控系统是否符合设计要求。

3 对空调与采暖系统的冷热源、空调水系统的监测控制系统进行全部检测。

1）在中央控制站使用检测系统软件，或采用在直接数字控制器或冷热源系统自带控制器上改变参数设定值或输入参数值，检测控制系统的投入情况及控制功能。

2）在工作站或现场模拟故障，检测故障监视、记录和报警功能。

4 对通风与空调监测控制系统的控制功能及故障报警功能，按总数的20%抽样检测，不足5台全部检测。

1）在中央工作站使用检测软件，或采用在直接数字控制器或通风与空调系统自带控制器上改变参数设定值和输入参数值，检测控制系统的投入情况及控制功能。

　　2）在工作站或现场模拟故障，检测故障监视、记录和报警功能。

　　5　对与监测与控制系统联网的监测与计量仪表，按20%抽样检测，不足10台的全部检测。用标准仪器仪表在现场实测数据，将此数据分别与直接数字控制器和中央工作站显示数据进行对比，数据应准确并符合系统对测量准确度的要求。

　　6　当供配电的监测与控制系统联网时，在中央工作站全部检测运行数据和报警功能，监测与数据采集系统应符合设计要求。

　　7　对照明自动控制系统，现场操作进行全数检查，在中央工作站上按照明控制箱总数的5%检测，不足5台时全部检测。

　　1）依据施工图按回路分组，在中央工作站上进行被检回路的开关控制，观察相应回路的动作情况；在中央工作站改变时间表控制程序的设定，观察相应回路的动作情况；在中央工作站采用改变光照度设定值、室内人员分布等方式，观察相应回路的控制情况；在中央工作站改变场景控制方式，观察相应回路控制情况。

　　2）大型公共建筑的公用照明区应采用集中控制并应按照建筑使用条件和天然采光状况采取分区、分组控制措施，并按需要采取调光或降低照度的控制措施。

　　3）旅馆的每间（套）客房应设置节能控制开关。

　　4）居住建筑有天然采光的楼梯间、走道的一般照明，应采用节能自熄开关。

　　5）房间或场所设有两列或多列灯具时，应使所控灯列与侧窗平行；在电教室、会议室、多功能厅、报告厅等场所，按靠近或远离讲台分组。

8 对建筑能源系统的协调控制和采暖通风与空调系统的优化监控这两项综合控制系统，通过人为输入数据的方法，按不同运行工况进行全部检测。

1）建筑能源系统的协调控制是将整个建筑物看作一个能源系统，综合考虑建筑物中的所有耗能设备和系统，包括建筑物内的人员，以建筑物中环境要求为目标，实现所有建筑设备的协调控制，使所有设备和系统在不同的运行工况下尽可能高效运行，实现节能目标，因涉及建筑物内的多种系统之间的协调动作，故为协调控制。

2）采暖、通风与空调系统的优化监控是根据建筑环境的需要，合理控制系统中的各种设备，使其尽可能运行在设备的高效率区，实现节能运行，如时间表控制、一次泵变流量控制等控制策略。

3）人为输入的数据可以是通过仿真模拟系统产生的数据，也可以是同类在运行建筑的历史数据，模拟测试应由施工单位或系统供货厂商提出方案并执行测试。

9 对管理软件的建筑能源管理系统能耗数据采集与分析功能、设备管理和运行管理功能、优化能源调度功能、数据集成功能等进行全部检测。建筑能源管理系统按时间（月或年）根据检测、计量和计算的数据做统计分析，绘制成图表，或按建筑物内各分区或用户，或按建筑节能工程的不同系统，绘制能流图，用于指导管理者实现建筑的节能运行。

10 分别在中央工作站、现场控制器和现场利用参数设定、程序下载、故障设定、数据修改和事件设定等方法，通过与设定的显示要求比照，全部复核监测与控制系统的可靠性、实时性、可维护性等性能。主要包括：

1）控制设备的有效性，执行器动作应与控制系统的指令一致，控制系统性能稳定符合设计要求。

2）控制系统的采样速度、操作响应时间、报警反应速度符合设计要求。

3) 冗余设备的故障检测正确性及其切换时间和切换功能应符合设计要求。

4) 应用软件的在线编程（组态）、参数修改、下载功能、设备及网络故障自检功能应符合设计要求。

5) 控制器的数据存储能力和所占存储容量应符合设计要求。

6) 故障检测与诊断系统的报警与显示功能应符合设计要求。

7) 设备启动和停止功能及状态显示应正确。

8) 被控设备的顺序控制和连锁功能应可靠。

9) 应具备自动控制/远程控制/现场控制模式下的命令冲突检测功能。

10) 人机界面及可视化检查。

13.5.6 监测的形式文件

监测与控制节能工程的检测应形成如下文件：

1 设备材料进场检验记录。

2 隐蔽工程和过程检查验收记录。

3 工程安装质量检查及观感质量验收记录。

4 设备及系统检测记录：包括设备测试记录、系统功能检查及测试记录、系统联动功能测试记录。

5 系统试运行记录。

附录 A 节能工程试验项目与取样规定

按照《建筑节能工程施工质量验收规范》GB 50411 规定,对材料和设备应在施工现场进行抽样复验,复验应为见证取样送检,同时现场还要求施工方自检项目,见证取样试验项目与自检项目规定见表 A.0.1。

表 A.0.1 见证取样试验项目与自检项目

章节	分项工程	项目名称	试验项目	相关检验标准	取样规定
4	墙体节能工程	模塑聚苯乙烯泡沫塑料板	导热系数 抗拉强度 表观密度 抗压强度	GB/T 10294 GB/T 10295 GB/T 6343 GB/T 10801.1	同一厂家同一品种的产品,当单位工程建筑面积在 20000m² 以下时各抽查不少于 3 次;20000m² 以上时各抽查不少于 6 次
		挤塑聚苯乙烯泡沫塑料板	导热系数(原厚) 抗拉强度 压缩强度	GB/T 10294 GB/T 10295 GB/T 8813 GB/T 10801.2	同一厂家同一品种的产品,当单位工程建筑面积在 20000m² 以下时各抽查不少于 3 次;20000m² 以上时各抽查不少于 6 次

续表

章节	分项工程	项目名称	试验项目	相关检验标准	取样规定
4	墙体节能工程	硬质聚氨酯泡沫塑料	导热系数 表观密度 压缩性能	GB/T 10294 GB/T 10295 GB/T 8813 GB/T 6343 QB/T 3806	同一厂家同一品种的产品,当单位工程建筑面积在20000m²以下时各抽查不少于3次;20000m²以上时各抽查不少于6次
		喷涂聚氨酯硬泡体保温材料	导热系数 表观密度 压缩性能	GB/T 10294 GB/T 10295 GB/T 8813 JC/T 998	同一厂家同一品种的产品,当单位工程建筑面积在20000m²以下时各抽查不少于3次;20000m²以上时各抽查不少于6次
		胶粉聚苯颗粒等保温浆料	导热系数 干表观密度 抗压强度	GB/T 10294 GB/T 10295 JG 158 GB/T 20473	同一厂家同一品种的产品,当单位工程建筑面积在20000m²以下时各抽查不少于3次;20000m²以上时各抽查不少于6次 每个检验批应送检制做同条件养护试件不少于3组
		矿棉	导热系数 表观密度 渣球含量	GB/T 10294 GB/T 10295 GB/T 5480 GB/T 11835	同一厂家同一品种的产品,当单位工程建筑面积在20000m²以下时各抽查不少于3次;20000m²以上时各抽查不少于6次
		保温砌块	导热系数 表观密度 压缩性能	GB/T 13475 GB/T 11971 GB/T 11970	同一厂家同一品种的产品,当单位工程建筑面积在20000m²以下时各抽查不少于3次;20000m²以上时各抽查不少于6次

续表

章节	分项工程	项目名称	试验项目	相关检验标准	取样规定
4	墙体节能工程	其他保温材料	导热系数 表观密度 压缩性能	GB/T 13475 GB/T 11971 GB/T 11970	同一厂家同一品种的产品,当单位工程建筑面积在20000m²以下时各抽查不少于3次;20000m²以上时各抽查不少于6次
		耐碱型玻纤网格布	断裂强力(经、纬向)、耐碱强力保留率(经、纬向)	GB/T 7689.5 JC/T 561.2 JC/T 841	同一厂家同一品种的产品,当单位工程建筑面积在20000m²以下时各抽查不少于3次;20000m²以上时各抽查不少于6次
		热镀锌电焊网	网孔中心距、焊点拉力、抗腐蚀性能(镀锌层重量和镀锌层均匀性)	GB/T 2972 GB/T 2973 GB/T 3897	同一厂家同一品种的产品,当单位工程建筑面积在20000m²以下时各抽查不少于3次;20000m²以上时各抽查不少于6次
		保温板钢丝网架	焊点拉力,抗腐蚀性能(镀锌层重量和镀锌层均匀性)	GB/T 2972 GB/T 2973 GB/T 3897	同一厂家同一品种的产品,当单位工程建筑面积在20000m²以下时各抽查不少于3次;20000m²以上时各抽查不少于6次
		抹面胶浆	拉伸粘结强度(与聚苯板、常温和浸水)	JGJ 144 JG 158 JG 149	同一厂家同一品种的产品,当单位工程建筑面积在20000m²以下时各抽查不少于3次;20000m²以上时各抽查不少于6次
		抗裂砂浆	拉伸粘结强度(常温和浸水)	JGJ 144 JG 158 JG 149	同一厂家同一品种的产品,当单位工程建筑面积在20000m²以下时各抽查不少于3次;20000m²以上时各抽查不少于6次
		胶粘剂、面砖粘结砂浆	拉伸粘结强度(与水泥砂浆、常温和浸水)	JC/T 547 JG/T 230	同一厂家同一品种的产品,当单位工程建筑面积在20000m²以下时各抽查不少于3次;20000m²以上时各抽查不少于6次

续表

章节	分项工程	项目名称	试验项目	相关检验标准	取样规定
4	墙体节能工程	现场检测	外墙节能构造钻芯检验	GB 50411	单体工程,同种规格,同种做法,每种保温做法钻至少3个芯样
			传热系数 热工缺陷	JGJ 132	如果不能做现场钻芯取样检验保温层构造时,同一种结构和做法的单体建筑,每个部位至少检测一组
			保温板材与基层粘结强度拉拔试验、后置锚固件拉拔试验	JGJ 144 JGJ 110 JG 149*	每 500~1000m² 为一个检验批,每个检验批不少于 3 处
5	幕墙节能工程	保温隔热材料（石棉、珍珠岩、岩棉等）	导热系数 表观密度 渣球含量	GB/T 10294 JC/T 209 GB/T 11835	同一生产厂家的同种类产品抽查不少于一组
		模塑聚苯乙烯泡沫塑料板	导热系数 表观密度 抗压强度	GB/T 10294 GB/T 10801.1 GB/T 6343	同一生产厂家的同种类产品抽查不少于一组
		挤塑聚苯乙烯泡沫塑料板	导热系数(原厚) 压缩强度	GB/T 10294 GB/T 10801.2	同一生产厂家的同种类产品抽查不少于一组
		幕墙玻璃	可见光透射比 传热系数 遮阳系数 中空玻璃露点	GB/T 2680 GB/T 8484 GB/T 21086 GB/T 11944 GB 50189	同一生产厂家的同种类产品抽查不少于一组

续表

章节	分项工程	项目名称	试验项目	相关检验标准	取 样 规 定
5	幕墙节能工程	隔热型材	抗拉强度 抗剪强度	GB 5237.6 JG/T 175	同一生产厂家的同种同类产品抽查不少于一组，随机在同批同规格隔热型材中抽取一根型材，分别从两端、中部取样十件，取样长度为(100±1)mm
		幕墙	气密性能	GB/T 15227	单位工程面积大于3000m²或建筑外墙面积50%时
6	门窗节能工程	外窗	传热系数 气密性	GB 8484 GB/T 7106	同一厂家同一品种、类型、规格的产品各抽查不少于3樘
		中空玻璃	露点	GB/T 11944	同一厂家同一品种、类型、规格的产品各抽查不少于3组
		玻璃	玻璃遮阳系数 可见光透射比	GB/T 2680	
		外窗	现场气密性检验	JG/T 211	同一厂家同一品种、类型的产品各抽查不少于3樘(件)
7	屋面节能工程	保温隔热材料	导热系数 表观密度 抗压(压缩)强度 燃烧性能	GB/T 10294 GB/T 10295 GB/T 6343 GB/T 8813 GB 8624 GB/T 5486.3	同一厂家同一品种的产品各抽查不少于3组

续表

章节	分项工程	项目名称	试验项目	相关检验标准	取样规定
8	地面与楼面节能工程	保温材料	导热系数 表观密度 抗压(压缩)强度 燃烧性能	GB/T 10294 GB/T 10295 GB/T 6343 GB/T 8813 GB 8624 GB/T 5486.3	同一厂家同一品种的产品各抽查不少于3组
9	采暖节能工程	保温材料	导热系数 表观密度 吸水率	GB/T 10294 GB/T 10295 GB/T 6343 GB/T 17794	同一厂家同一材质的保温材料送检不得少于2组
		散热器	单位散热量 金属热强度	GB/T 13754	单位工程同一厂家同一规格按数量的1%送检,不得少于2组
		采暖系统(自检)	系统水压试验、室内外系统联合运转及调试	GB 50242	全数检查
10	通风与空调节能工程	保温绝热材料	导热系数 表观密度 吸水率	GB/T 10294 GB/T 10295 GB/T 6343 GB/T 17794	同一厂家同一材质的绝热材料送检不得少于2次
		风机盘管	供冷量、供热量风量、出口静压功率、噪声	GB/T 19232	同一厂家的风机盘管机组按数量复验2%,不得少于2组
		风管系统严密性(自检)	漏风量	GB 50243	抽查10%,且不得少于1个系统

续表

章节	分项工程	项目名称	试验项目	相关检验标准	取样规定
10	通风与空调节能工程	现场组装的组合式空调机组（自检）	漏风量	GB 50243 GB/T 14294	抽查 20%，且不得少于 1 台
		通风与空调设备（自检）	单机试运转和调试	GB 50243	全数检查
11	空调与采暖系统冷热源及管网节能工程	保温绝热材料	导热系数 密度 吸水率	GB/T 10294 GB/T 10295 GB/T 6343 GB/T 17794	同一厂家同材质的绝热材料送检不得少于 2 次
		冷热源及管网系统	系统运转和调试	GB 50243	全数检查
12	配电与照明节能工程	电缆、电线	截面，每芯导体电阻值	GB/T 3956 GB/T 3048.2	同一厂家各种规格总数的 10%，且不少于 2 个规格
		灯具（自检）	灯具效率	GB/T 5700	同类型灯具抽测 5%，至少 1 套
		三相电压允许不平衡度（自检）	三相供电电压允许不平衡度	GB/T 15543	全部检测
		公用电网谐波（自检）	电网谐波电压电流	GB/T 14549 GB/T 17626.7	全部检测
		低压配电系统及电源（自检）	低压配电系统调试与低压配电电源质量	GB/T 12325 GB/T 12326 GB/T 14549 GB 50054	全数检测

续表

章节	分项工程	项目名称	试验项目	相关检验标准	取样规定
12	配电与照明节能工程	照明系统	平均照度 功率密度	GB 50034	每种功能区至少检查2处
13	监测与控制节能工程	监测与控制系统（采暖、通风与空气调节、配电与照明 能耗计量、建筑能源管理系统）	系统安装质量		每种仪表按20%抽验,不足10台全部检查
			监测与控制系统		每种仪表按20%抽检,不足10台全部检查
			监测功能、故障报警连锁控制及数据采集等功能		检查全部进行过试运行的系统
			控制功能及故障报警功能	GB 50093 GB 50339 GB 50411	按总数的20%抽样检测,不足5台全部检测
			监测与计量装置		按20%抽样检测,不足10台全部检测
			照明自动控制系统的功能		照明控制箱总数的5%检测,不足5台全部检测
			综合控制系统		全部检测
			建筑能源管理系统的能耗数据采集与分析功能		全部检测

续表

章节	分项工程	项目名称	试验项目	相关检验标准	取样规定
...	建筑节能工程系统现场检验	采暖系统	室内温度	JGJ 132	居住建筑每户抽测卧室或起居室1间,其他建筑按房间总数抽测10%
			供热系统室外管网的水力平衡度	JGJ 132	每个热源与换热站均不少于1个独立的供热系统
			供热系统的补水率		
			室外管网的热输送效率		
		通风与空调系统	各风口的风量	GB 50243（参照）	按风管系统数量抽查10%,且不得少于1个系统
			通风与空调系统的总风量	GB/T 14294（参照）	按系数量抽查10%,且不得少于1个系统
			空调机组的水流量	GB/T 14294（参照）	按风管系统数量抽查10%,且不得少于1个系统
			空调系统冷热水、冷却水总流量	GB/T 14294（参照）	全数检测
		照明系统	照度、功率密度	GB 50034 GB/T 5700	每个功能区检查不少于2处

附录 B 引用技术与标准

引用技术与标准

建筑节能工程施工质量验收规范　GB 50411
建筑照明设计标准　GB 50034
供配电系统设计规范　GB 50052
低压配电设计规范　GB 50054
自动化仪表工程施工及验收规范　GB 50093
智能建筑工程质量验收规范　GB 50339
电气装置安装工程电气设备交接试验标准　GB 50150
民用建筑热工设计规范　GB 50176
公共建筑节能设计标准　GB 50189
混凝土结构工程施工质量验收规范　GB 50204
建筑地面工程施工质量验收规范　GB 50209
建筑装饰装修工程施工质量验收规范　GB 50210
机械设备安装工程施工及验收规范　GB 50231
现场设备、工业管道焊接工程施工及验收规范　GB 50236
建筑给水排水及采暖工程施工质量验收规范　GB 50242
通风与空调工程施工质量验收规范　GB 50243
压缩机、风机、泵安装工程施工及验收规范　GB 50275
建筑工程施工质量验收统一标准　GB 50300
建筑电气工程施工质量验收规范　GB 50303
住宅装饰装修工程施工规范　GB 50327
屋面工程技术规范　GB 50345
地源热泵系统工程技术规范　GB 50366

住宅建筑规范 GB 50368
铝合金建筑型材 GB 5237
建筑材料及制品燃烧性能分级 GB 8624
浮法玻璃 GB 11614
住宅性能评定技术标准 GB/T 50362
建筑工程质量评价标准 GB/T 50375
绝热材料稳态热阻及有关特性的测定 防护热板法 GB/T 10294
绝热材料稳态热阻及有关特性的测定 热流计法 GB/T 10295
绝热用模塑聚苯乙烯泡沫塑料 GB/T 10801.1
绝热用挤塑聚苯乙烯泡沫塑料 GB/T 10801.2
绝热用岩棉、矿渣棉及其制品 GB/T 11835
中空玻璃 GB/T 11944
电能质量 供电电压偏差 GB/T 12325
电能质量 电压波动和闪变 GB/T 12326
加气混凝土体积密度、含水率和吸水率试验方法 GB/T 11970
加气混凝土力学性能试验方法 GB/T 11971
建筑外窗采光性能分级及检测方法 GB/T 11976
绝热 稳态传热性质的测定 标定和防护热箱法 GB/T 13475
采暖散热器热量测定方法 GB/T 13754
组合式空调机组 GB/T 14294
电能质量 公用电网谐波 GB/T 14549
硅酮建筑密封膏 GB/T 14683
建筑幕墙气密、水密、抗风压性能检测方法 GB/T 15227
电能质量 三相电压不平衡 GB/T 15543
电磁兼容 试验和测量技术 GB/T 17626

柔性泡沫橡塑绝热制品　GB/T 17794
室内装饰装修材料胶粘剂中有害物质限量　GB/T 18583
塑料门窗用密封条　GB/T 12002
绝热用玻璃棉及其制品　GB/T 13350
风机盘管机组　GB/T 19232
建筑保温砂浆　GB/T 20473
化学品　鱼类幼体生长试验　GB/T 21806
建筑幕墙　GB/T 21086
建筑玻璃　可见光透射比、太阳光直接透射比、太阳能总透射比、紫外线透射比及有关窗玻璃参数的测定　GB/T 2680
电线电缆电性能试验方法　GB/T 3048
陶瓷砖试验方法　GB/T 3810
钢结硬质合金材料毛坯　GB/T 3879
电缆的导体　GB/T 3956
普通平板玻璃　GB/T 4871
三硫化二锑　GB/T 5236
工业用橡胶板　GB/T 5574
无机硬质绝热制品试验方法　GB/T 5486
照明测量方法　GB/T 5700
泡沫塑料及橡胶　表观密度的测定　GB/T 6343
建筑外门窗气密、水密、抗风压性能分级及检测方法　GB/T 7106
建筑外门窗保温性能分级及检测方法　GB/T 8484
建筑外窗空气隔声性能分级及检测方法　GB/T 8485
建筑材料难燃性试验方法　GB/T 8625
硬质泡沫塑料　压缩性能的测定　GB/T 8813
电气装置安装工程；电力变压器、油浸电抗器、互感器施工及验收规范　GBJ 148
电气装置安装工程母线装置施工及验收规范　GBJ 149

玻璃纤维套管坯管 JC/T 175
膨胀珍珠岩 JC/T 209
建筑门窗密封毛条技术条件 JC/T 635
混凝土界面处理剂 JC/T 907
矿物棉喷涂绝热层 JC/T 909
喷涂聚氨酯硬泡体保温材料 JC/T 998
建筑物隔热用硬质聚氨酯泡沫塑料 QB/T 3806
热镀锌电焊网 QB/T 3897
建筑外窗气密、水密、抗风压性能现场检测方法 JG/T 211
民用建筑节能设计标准 JGJ 26
塑料门窗安装及验收规程 JGJ 103
外墙饰面砖工程施工及验收规程 JGJ 126
采暖居住建筑节能检验标准 JGJ 132
金属与石材幕墙工程技术规范 JGJ 133
玻璃幕墙工程质量检验标准 JGJ/T 139
地面辐射供暖技术规程 JGJ 142
外墙外保温施工技术规程 JGJ 144
建筑门窗玻璃幕墙热工计算规程 JGJ/T 151
种植屋面工程技术规程 JGJ 155
建筑构造专项图集—超细无机纤维保温/吸声喷涂 88J 1-1
建筑构造通用图集工程做法（2） 88J 1-3
建筑设备施工安装通用图集（暖气工程） 91SB1
建筑橡胶密封垫—预成型实心硫化的结构密封垫用材料规范 HG/T 3099
薄钢板法兰风管制作与安装 07K133
沟槽式管接头 CJ/T 156
埋地聚乙烯给水管道工程技术规程 CJJ 101
民用建筑节能管理规定 建设部令第 143 号